云知识探秘科普丛书

Qi Yun Yi Cai

奇云异彩

戴云伟　史学丽　编著

图书在版编目（CIP）数据

奇云异彩 / 戴云伟，史学丽编著. -- 北京：气象出版社，2020.8

（云知识探秘科普丛书 / 戴云伟主编）

ISBN 978-7-5029-7246-2

Ⅰ. ①奇… Ⅱ. ①戴… ②史… Ⅲ. ①云－普及读物
Ⅳ. ①P426.5-49

中国版本图书馆CIP数据核字(2020)第144995号

出版发行： 气象出版社

地　　址： 北京市海淀区中关村南大街46号　　**邮政编码：** 100081

总 编 室： 010-68407112（总编室）　010-68408042（发行部）

网　　址： http://www.qxcbs.com　　E-mail：qxcbs@cma.gov.cn

责任编辑： 黄海燕　隋珂珂　　**终　　审：** 吴晓鹏

责任校对： 张硕杰　　**责任技编：** 赵相宁

设　　计： 郝　爽

印　　刷： 北京地大彩印有限公司

开　　本： 787mm×1092mm 1/16　　**印　　张：** 10.5

字　　数： 112千字

版　　次： 2020年8月第1版　　**印　　次：** 2020年8月第1次印刷

定　　价： 55.00元

本书如存在文字不清、漏印以及缺页、倒页、脱页等，请与本社发行部联系调换

科学顾问与技术指导专家

科学顾问： 丁一汇（中国工程院院士）

张纪淮（中国气象科学研究院研究员）

特邀顾问： 孙　健（中国气象局公共气象服务中心主任）

曾鸿阳（台湾“中国文化大学”大气科学系主任）

技术指导： 何立富（中央气象台首席预报员）

李臺军（台湾玉山气象站观测员）

赵　勇（中国第 33 次南极科考队气象观测员）

王宪彬（中国第 12 次南极科考队气象观测员）

刘恒德（山东泰山气象站观测员）

王时引（山东枣庄气象局观测员）

前言

云是最常见的天气现象，雨、雪、冰雹、雷电等天气的形成都和云有着密不可分的联系。数百年来，科学家研究云，艺术家从云中寻找灵感，云已经成为丰富思想艺术的源泉，在这一点上鲜有其他自然现象可与之相比。

人类认识天气变化是从观云开始的。早在东汉时期，我国哲学家王充就在其著作《论衡》中指出："云雾，雨之征也。"在1820年天气图问世前的历史长河中，人类对于天气的认识和理解基本依赖于对云的观测。1896年，第一本《国际云图》问世，让云初步形成谱系，以科学的面貌呈现在世人面前。

现代，随着科技的不断进步，云的观测不再依赖于人的肉眼。计算机和人工智能技术的发展引导了气象观测技术的发展，也催生了更多观云识云的高科技手段，使得对云的观测从地面人工观测拓展到了太空卫星自动观测。气象卫星观测范围广、次数多、时效快、数据质量高，不受自然条件和地域条件限制，已远非人力目测可比。现代气象观测手段提供的丰富的云观测数据，更是成为研究天气气候、科学应对气候变化的重要依据，为更加准确地"观云识天"奠定了坚实基础，为减少气象灾害损失、保护人类安全福祉提供了可靠支撑。

2015年，我国正式取消了云的人工观测，这意味着在现代天气预报业务中，云的人工观测已经可以被雷达、卫星等高科技的自动化观测手段所代替。尽管如此，观云识云仍是气象专业人士完整掌握气象知识不可或缺的学科敲门砖。同时，对于被云吸引的公众而言，观云识云既能满足自身感官上的欣赏需求，又能激发其对自然现象的探知欲望，是科普气象知识的绝佳入口。2017年，世界气象组织将世界气象日主题定为“观云识天”（Understanding Clouds），以突出表现云在天气气候和水循环中所发挥的巨大作用。

“云知识探秘科普丛书”是一部介绍云基本知识、形成机理等的科普丛书，它不仅涵盖了气象学中关于云的理论，同时也延续了“观云识天”的科普主题内容，对弘扬科学精神、传播科学思想、提升全民防灾减灾意识起到了积极推动作用。在丛书创作过程中，作者着力将天气学原理做了通俗化、形象化、趣味化处理。读者无须通晓专业理论，便能清晰地了解与人类生活息息相关的云的知识，使读者对探索专业知识的深层需求得到最大程度的满足。台湾“中国文化大学”大气科学系主任曾鸿阳给予丛书评价：“作者戴云伟老师长期深耕于天气预报研究和科普推广，透过经验积累与对云的了解，完整收集了各种云的图像。经由分辨云的特征，带我们从云中探索隐藏在其间的天气密码，了解云的喜怒哀乐，更从云之欣赏中，将科学、美学融入生活。”中国气象科学研究院研究员张纪淮说：“‘云知识探秘科普丛书’是一套很好的书，它深入浅出地反映了作者对云分类观测的重要性和科学意义的理解。云是雨之母！它不仅是研究成云致雨过程的第一手资料，而且包含着大气运动和水循环系统的丰富信息。作者将水汽比喻为‘显影剂’，并形象地提到‘云是各种大气运动显影后的影像’，其比喻和描述都是很贴切的。”

丛书共分三册：《观云识云》《知云解云》和《奇云异彩》。《观云识云》介绍了云的基本常识以及气象学分类中全部29类云的基本特征，作者将纷繁复杂的云的名字总结为“记云秘笈”，并从通俗理解的角度给特征突出的云“贴”了“个性标签”，易学易记。除了用云的相片来展示各类云的基本特征外，作者还拍摄了大量云的动态视频，读者可以通过手机扫描书中的二维码，观赏各类云的变幻，清晰了解云的演变过程。《知云解云》巧妙运用云的照片和机理示意图等，再结合生活中的天气现象实例，科学梳理了云的成因及其对天气变化的预示意义。《奇云异彩》通过形象的比喻和通俗的说明，揭示了云对太阳光的散射、反射、折射、衍射等现象的本质，看云如何魅力“四射”。

值此成书之际，感谢为本丛书精心指导的顾问、专家、领导，以及提供摄影、书法、绘画等珍贵素材的老师、朋友们。感谢李国平、李钊、陈青昊、吴金平、关娴、王银龙、史振启、莫长安、边钰茗、吴中华、李敏等给予的帮助！

丛书的出版得到了中国气象局公共气象服务中心、华风气象传媒集团的鼎力支持，以及国家重点研发计划项目“服务于气候变化综合评估的地球系统模式”课题（2016YFA0602602）的资助。

由于时间仓促，本丛书还存在诸多不足，欢迎读者批评指正。

作者
2018年3月

目录

奇 云

——少见特别的奇怪之云

超级雷暴　魏思静 / 绘

奇云，指形状奇怪、少见，容易吸引眼球、引起好奇心的云。

自从1802年英国气象学者卢克·霍华德系统地给云命名以来，云的分类就日趋详尽细致。在1956年世界气象组织（WMO）出版的《国际云图》中，按照“族”“类”“目”“附丽云”“从属云”等对云进行分类。2017年WMO发布的新版《国际云图集》中增录了部分有气象研究意义的奇怪之云，如滚轴云、航迹云、波涛云等。2018年作者出版的《观云识云》一书中将29类云的基本形态总结为五字秘诀“卷高层积雨”，既方便记忆，也建立了各种形态之间的联系。

云在天气气候数值预报研究中的地位越发凸显，在科普推广中也越来越得到专业部门的重视。为了方便读者进一步了解云，本书更多地倾向于从气象爱好者的角度，将《国际云图》中的 “附丽云”“从属云”等特征云与公众关注的奇怪之云一并作为奇云进行通俗性地介绍。根据成因将它们分为自然奇云和人工奇云两大部分，前者主要包括雷暴涡旋云、龙卷云、滩云、滚轴云、乳状云、波涛云、斗笠云、旗云、瀑布云、幡状云、穿洞云、多孔云等；后者包括航迹云、尾涡云、音爆云。随着全媒体时代的到来，相信陆续还会有更多的奇云被发现、被关注。

奇云的成因

奇云的形成机理与《观云识云》一书中的29类云类似，但也有自己的独特性。这些云主要是以几十千米范围内大气的对流运动、波动、涡旋等为动力，以水汽为原料，再辅之乱流、干冷空气等的综合作用而形成。它们中有些与天气变化关系密切，有一定的预兆意义；有些是局地小范围的原因形成的，与天气变化没有多少关系；有些则是人类活动的结果。

奇云的成因途径示意图　戴云伟 / 合成

对流运动

对流运动是指垂直方向的上升、下沉运动，因天气现象常同上升运动有关，故对流常常专指由于热力或强迫引起向上的垂直运动。因上部气压低，湿空气在上升运动时会膨胀降温，导致空气容纳水汽的能力下降而饱和，再继续上升，水汽就会凝结形成云。雷暴涡旋云、滩云、旗云等都是由于对流运动而形成的。

波动

大气中有很多尺度的波动，它们的波长从几十米到上万千米不等，但与奇云形成有关的波动主要是波长为几千米的地形波或对流激发出来的重力波等。斗笠云、波浪云、波涛云等都是与波动有关的云。另外，还有一个特殊的波——孤立波，它是导致滚轴云形成的非线性波动。

涡旋

涡旋也是奇云形成的神助手。几十千米范围之内的大气涡旋对应的都是低气压（注意：几百千米以上范围的涡旋对应的也有可能是高气压）。当外围湿空气被裹入低气压后产生膨胀降温，空气容纳水汽的能力下降，其中的水汽就会达到饱和进而凝结形成云。这种成云机制在龙卷云、尾涡云等的形成中都发挥着关键作用。事实上，膨胀降温导致水汽凝结成云雾的例子在生活中也很常见，老式爆米花机开盖瞬间冲出的那股"雾气"就是膨胀冷却、水汽瞬间饱和凝结形成的。

增加水汽

除了可以通过给湿空气降温达到饱和凝结成云外，给湿空气增加水汽也可以达到饱和凝结成云。特别是当环境空气接近饱和时，此时增加少许的水汽可使其饱和，并立即凝结形成云。航迹云是典型的以增加水汽凝结成云的例子。

涡旋低压的成云示意图　戴云伟 / 合成

自然奇云

自然奇云是指在没有人工干预的情况下，仅凭自然条件形成的云，可以说是大自然鬼斧神工的杰作。奇云虽然与吉凶祸福无关，但它们的猝然出现却极易引起公众的好奇和关注。

自然奇云多有《观云识云》一书总结的“卷高层积雨”五字记云秘诀中“积”字所代表意义的特征，外形上大多呈块状、条状、坨状，同时还会叠加一些波动、涡旋状特征。另外，在外围干冷空气的蒸发消散作用下，奇云的边界轮廓通常清晰分明。

常见的自然奇云集锦　戴云伟 / 合成

雷暴涡旋云

雷暴涡旋云也常被称为超级单体云、超级雷暴单体云、旋转雷暴云等，它是一种雷电交加的涡旋状积雨云。一般伴有暴雨、大风、冰雹、龙卷等天气现象。云底比普通积雨云要低，看上去有点像动物的吸盘，而且云的上部通常与普通积雨云连成一体。

雷暴涡旋云可以说是我们肉眼能直接看到的最大涡旋状云体，其水平范围一般为一二十千米。而比它更大的涡旋状云体，如台风、温带气旋等，范围都在几百千米以上，要想看清全貌就需要借助“千里眼”雷达和“万里眼”卫星了。雷暴涡旋云因为具有涡旋状外形，经常被误认为是龙卷，其实它比龙卷庞大很多。龙卷范围在几十米之内，是比雷暴涡旋云更小、更凶的涡旋状云。雷暴涡旋云本身没有看上去那么凶险，真正的凶险主要是来自其下“纵容”的龙卷。

雷暴涡旋云　视觉中国

雷暴涡旋云的成因

积雨云发展到一定程度，如果低空可以不断提供暖湿空气来补充、蓄积、释放不稳定能量，则会在其前进的右前方形成一个特定的暖湿空气输入通道，暖湿气流与下泻而来的干冷气流相互纠缠并形成水平涡旋，新发展的积雨云就被旋转成了雷暴涡旋云。

雷暴涡旋云是在超级雷暴单体（一种超级热对流系统）中发展出来的，属于普通积雨云的“连体儿”。远远看去，它有点像积雨云“这棵大树”的一根粗壮“侧根”。

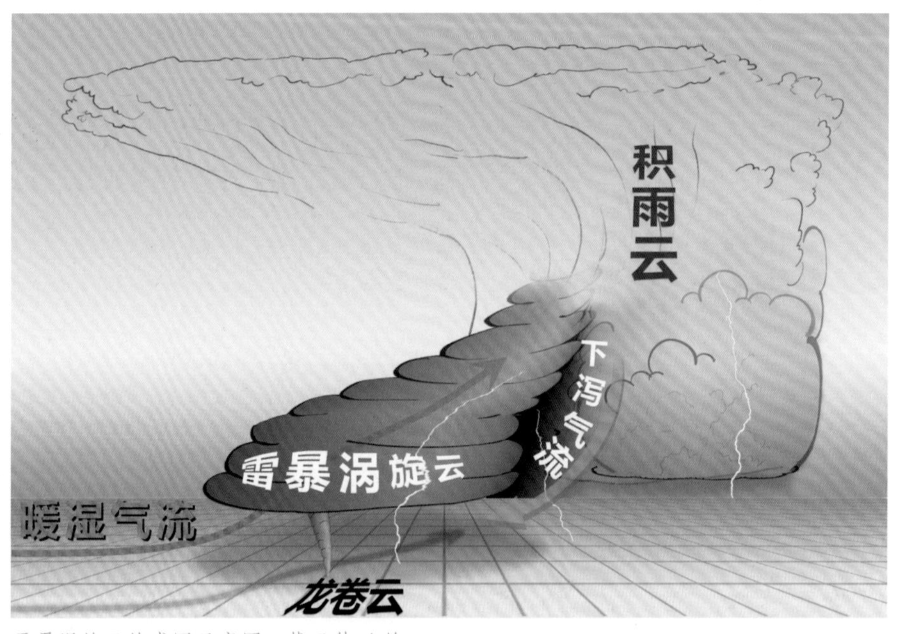

雷暴涡旋云的成因示意图　戴云伟 / 绘

弧状云墙　任轶 / 摄

雷暴涡旋云形成之初多为一道弧状云墙。如果大气稳定度差、暖湿空气供应充足， 就有可能发展为完整的雷暴涡旋云。

雷暴涡旋云的初期外形　视觉中国

这是雷暴涡旋云具备涡旋云体的初期形状，看起来像一顶桂冠。从图中还可以看到雷暴涡旋云范围内的倾盆大雨。

雷暴涡旋云　视觉中国

当雷暴涡旋云脱离积雨云母体后，也就威力不再，像一个大盆孤零零地悬浮在空中，慢慢衰减归于平静，直至消失。

雷暴涡旋云　视觉中国

雷暴涡旋云的后部连着一片黑压压的强对流雨区，那里电闪雷鸣，狂风怒号，冰雹、龙卷都可随时突降，是超级雷暴单体对应的最恶劣天气区。

雷暴涡旋云　视觉中国

落日的余晖中，阴云密布，电闪雷鸣，雷暴涡旋云奇特的外形俨然如天外来客。

雷暴涡旋云　视觉中国

雷暴涡旋云的下面通常也是龙卷云、滚轴云、滩云等的出没之地。图中的云体下部已经出现后面将要介绍的滩云。

雷暴涡旋云 视觉中国

近距离观察雷暴涡旋云的云底，其外围像一道城垣，曲折蜿蜒，疙疙瘩瘩，没有远远看上去那么线条分明。这道“墙”可以说是灾害天气的最后一道警戒线。

龙卷云

龙卷云是在龙卷涡旋中形成并伸向地面的漏斗状或蛇形云。它的上端连着积雨云，下端有的悬在半空中，有的直接延伸到地面或水面，一边旋转、一边向前移动。龙卷云是龙卷的“标签”。

龙卷云　视觉中国

《大气科学辞典》中关于“龙卷”一词的解释是：也称龙卷风，从积雨云中伸下的猛烈旋转的漏斗状云柱。从定义来看，龙卷、龙卷云都是同一个意思。不过这里我们还是稍加区别，龙卷指无形、有涡旋的风，而龙卷云和卷起的尘屑及杂物都只是龙卷的外在表现。

龙卷云的成因

积雨云发展到一定强度，其中的上升气流与下沉气流相“搓”就会形成管状涡旋。管状涡旋形成后再被气流扭转为垂直，一端伸向地面。由于涡旋内部是超强的低气压，它可低至400百帕，注意哦，平时我们所说的海平面高度的气压为1013.25百帕，强大的气压差迫使周围空气被抽吸进入后会因膨胀而导致降温，随着空气容纳水汽的能力下降，其中的水汽达到饱和进而凝结形成龙卷云。

气流“搓”出涡旋并转竖的示意图　戴云伟 / 合成

龙卷云　视觉中国

直立的龙卷云，像擎天柱一样矗立在云底。龙卷涡旋的上部为水汽凝结成的龙卷云，下部连着大风卷起的尘土、杂屑，云与尘屑浑然一体。

龙卷云　中国气象图片网

2018年9月11日上午，山东荣成海域惊现群龙吸水的壮观景象，多条水柱直通云霄，让现场市民震惊不已。

龙卷云　视觉中国

龙卷云经常被风吹歪或弯曲，图中的龙卷云就像大象的鼻子，由于空气湿度很大，所形成的龙卷云已经伸展到地面。

龙卷云　视觉中国

雷暴涡旋云被称为龙卷云的巢穴，又被称为“龙卷云之母”。强悍的雷暴涡旋云中可先后产生60多个龙卷云。

滩云

滩云是在积雨云底部发展出来的楔形物状云体，外形酷似一摊淤泥，云体很长且有水平的底部。

滩云　视觉中国

滩云一般移动速度快，有时给人感觉就像滚滚而至的沙尘暴一样，而有时又像海啸。滩云通常是风雨雷电要来临的前兆， 滚滚前行中，有气吞山河的霸气，十分壮观。

滩云的成因

积雨云内下泻的冷空气密度大，有时会像坍塌的沙丘一样往暖空气一侧“淤积”，并将暖湿空气向上“铲起”，其中的水汽就会凝结形成楔形物状的滩云。如果再有外围卷入的气流不断对滩云扭转，就会形成涡旋状外形。

滩云的成因示意图　戴云伟 / 合成

滩云　视觉中国

图中的滩云已经摆好架势向前冲，其后往往会伴随着较强的风雨雷电，也可能有龙卷云尾随。滩云往往是恶劣天气到来前的最后“通牒”。

滩云　视觉中国

滩云是积雨云内下泻气流“淤起”的云，它形成的同时也会伴随大风，图中的船只已经被大风吹得几乎倾覆。

滩云　视觉中国

有滩云的场景总是给人带来大片级的感受，在做好风雨雷电的防护之后，便可尽情欣赏这大自然馈赠的最富有刺激性的场面。

滩云　视觉中国

图中的滩云看上去如同张开大口的巨兽，看上去有点瘆人，仿佛怪兽就要吞没眼前的一切，它的出现也确实是恶劣天气到来前的预警。

滚轴云

滚轴云是指水平方向的管状云，云体不断旋转翻滚而来，场面壮观而恐怖，仿佛世界末日到来一样。滚轴云的出现很可能意味着狂风暴雨接踵而至。滚轴云本质上属于一种比较特殊的层积云或高积云。在海边出现的滚轴云多是由几十千米外的强对流天气激发后传播而来。

滚轴云　视觉中国

滚轴云在我国并不多见，曾经在海南及浙江舟山等地出现过。在澳大利亚的昆士兰州北部经常可以看到这种云，有些赏云者会专程到这里来观赏滚轴云。

滚轴云的成因

雷暴等强对流天气系统中急剧下泻的气流可以在大气中激发出一种古怪的波动，名字叫孤立波。这种波动与我们通常看到的波峰与波谷搭伴出现不同，它总是以一个波峰或波谷孤零零地出现，表现为向前滚动的涡旋。如果大气比较干燥，即便有这种波动，我们也无法直接看到；但是当孤立波经过水汽湿度临近饱和的区域时，孤立波前部的上升运动会生成云，后部的下沉运动会导致云消散，因此看上去像云在向前滚动。

除了雷暴等强对流激发的孤立波形成滚轴云外，气流从高山冲下湿度较大的平原时也有可能形成滚轴云。

滚轴云的成因示意图　戴云伟 / 合成

小知识

孤立波是非线性科学的三大分支之一，是英国科学家罗素1834年在格拉斯哥运河旁骑马时发现的。水面上的一个孤立波峰以12.8～14.5千米/小时的速度向前滚动，前进超过1.6千米后才消失。大气中也有很多孤立波，但是它们没有水面上那么直观，只有当空气湿度临近饱和时，才会被水汽凝结而成的滚轴云给“显影”出来。另外，大气中的飑线、台风、阻塞高压等也可以看成是孤立波。

滚轴云　视觉中国

在海面上，巨大的云体翻滚而来，有时候会接二连三地出现，场面壮观而恐怖。

滚轴云　视觉中国

滚轴云的表面有时非常光滑，像丝一样，有时则像毛绒般蓬松粗糙。海上出现的滚轴云多是远处的强对流天气激发出的孤立波传播而来。

滚轴云　视觉中国

夕阳西下，布满天空的高积云已呈微黄色。在低空，滚轴云悠然而至，云体光滑，与普通波动引起的条状层积云、高积云有明显不同。仔细分辨，还可以看到滚轴云上的涡旋结构。

扫码观云

乳状云

乳状云又称悬球云，是从云的底部垂挂下来的圆形云体，外形通常犹如牛、羊乳房。其中以积雨云下出现最为常见和典型。它常常出现在积雨云的后部，有时也出现在积雨云云砧的底部。典型的乳状云呈规则的圆球或者扁球状、椭球状。持续时间一般很短，大约10分钟。

乳状云也可出现在卷云、卷积云、高层云、高积云、层积云之下，但都不是很明显，很容易被忽略。

乳状云　视觉中国

乳状云的成因

大气中剧烈上升运动所生成的云滴通常都很大，云体向上发展受到稳定层的抑制后会向外围延展，当云滴（或冰晶）过大时就会因为托力不足而缓缓沉降。与此同时，从周围夹卷进来的干冷空气会通过蒸发消散对云体底部形成“打磨”作用，有助于形成圆滑清晰的球状轮廓。

乳状云的成因示意图　戴云伟 / 合成

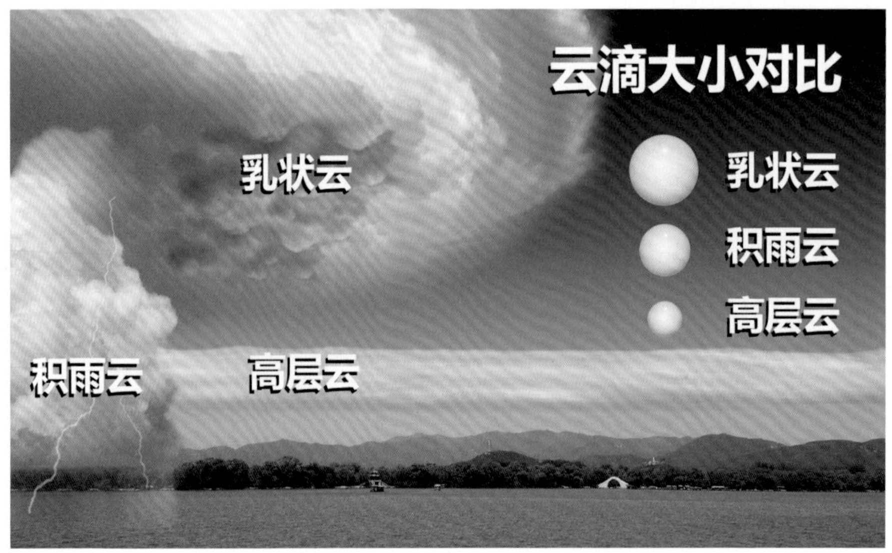

乳状云与其他云的云滴对比示意图　戴云伟 / 合成

乳状云　杜军 / 摄

积雨云的云砧覆盖了天空，乳状云悬坠其下，可能将有一场酣畅淋漓的暴雨。

乳状云　视觉中国

积雨云多发生在午后到傍晚的时段，如果遇上晚霞的映照，乳状云会更加灿烂，仿佛一串串溜圆的金珠镶嵌在天上。

乳状云 视觉中国

乳状云是积雨云或其他云底出现的局部特征，似乎是一个标签，它的出现表明云体内上升运动激烈。

乳状云 视觉中国

乳状云的出现经常会增加我们对积雨云的恐惧感和神秘感。乳状云本身不会带来什么恶劣天气，但一般会与恶劣天气相伴，有点“狐假虎威”的意味。

乳状云　视觉中国

2018年5月23日，在四川阿坝出现一道彩虹，在彩虹消失不久，天空出现一垄一垄分布的乳状云。

乳状云　黄静远 / 摄

每当乳状云出现时，总有人好奇这是什么预兆。其实，它只是激烈雷雨天气的一个特征，也有人称它为“颠簸的云彩” 。

乳状云　视觉中国

乳状云通常出现的范围不大，在空旷的户外就可窥见其全貌。有时它也可以覆盖整个天空，但维持时间一般不会太久。

乳状云　视觉中国

只有较强的上升运动才可以形成较大的云滴，云体向外扩展时容易形成摇摇欲坠的乳状云。所以，积雨云最容易提供乳状云形成所需要的条件。

乳状云　视觉中国

有些乳状云看起来相当吓人，时常被认为是龙卷或飓风即将来临的前兆，人们甚至忍不住想象，也许在乳状云的中间会落下龙卷，并毁灭一切。强烈的积雨云可以形成乳状云，也可以形成龙卷，但是形成乳状云的机会要远多于龙卷。至于二者之间的关系，只能说它们都是强烈积雨云的产物，可以先后出现，也可以各自独立出现。

乳状云　戴云伟 / 摄

积雨云下的云体翻滚迅速，稍不留神乳状云就会隐形而去。如果经常留意观察， 就会发现其实乳状云并不算稀奇。

乳状云　雷阳 / 摄

披上晚霞的乳状云更是艳丽，它是积雨云所呈现出的最美丽画面，仿佛让人忘记了积雨云的凶猛彪悍。

波涛云

波涛云，是指云的底部高低不平、此起彼伏、疙疙瘩瘩，因为十分像大海里汹涌澎湃的波涛而得名，有些还会出现扭曲、褶皱等怪里怪气的形状。波涛云过境时，天空就如同海洋上的波涛在翻涌一样，极其壮观。

波涛云　视觉中国

波涛云常常制造诡异的气氛，在黑沉沉的天幕下，怪异的云型，感官上给人一种不祥的恐怖之感。近些年也引起了摄影爱好者的关注，因为其疙疙瘩瘩的云底看上去很粗糙，像鳄鱼皮似的，气象爱好者称之为“糙面云”。

波涛云的成因

波涛云主要是由大气波动、乱流以及干冷空气的“抄底”等综合作用而形成。蔽光层积云或蔽光高积云由大气波动引起，来自不同方向的波动交织在一起，相互干涉，就会形成如同大海里的“波涛”一样。通常这些云层以下是暖湿空气，不断有水汽凝结为云，云的底部比较模糊（左图）；但当云体平移到干冷空气的上部或者云体以下被干冷空气“灌注”时，由于干冷空气会不断蒸发云中的水滴，这样云的底部轮廓就变得清晰，平时模糊的波涛状也就显现出来了（右图）。浓积云的上部之所以轮廓清晰，也是因为其上部外围的空气相对干冷。

另外，当云体中夹杂着大小不一的湍涡（一种方向不定的涡旋）时，也会不断扭曲已有的波动，并在波涛中形成怪里怪气的褶皱。

出现在不同性质空气之上的蔽光层积云　戴云伟 / 合成

同样的蔽光层积云，当分别出现在暖湿空气和干冷空气之上时，云底的形状表现会有明显的不同，图中干冷空气之上的蔽光层积云看上去更显波涛起伏，疙疙瘩瘩，轮廓清晰。

波涛云　视觉中国

当云层下被冷空气灌注后，大气将变得十分稳定。此时的云底就如同灌满了水，在波动及乱流影响下，晃晃荡荡。

波涛云　视觉中国

图中波涛云的云底是颗粒状团块，极端不平，波状结构被极度扭曲，形成不规则的褶皱。这说明云内有湍涡（乱流）夹杂其中。

波涛云　邓飞 / 摄

大气中的波动与乱流综合作用，图中的云底形成一个“倒置的火山口”。拍摄此景时，湖南西部山区小雪初停，冷空气随后涌入蔽光层积云下。

波涛云　邓飞 / 摄

这是上一张照片的后续，在波动和乱流的作用下，“倒置的火山口”出现向下“喷发”，形成壮观的“下泻”云幕，景象让人叹为观止。

扫码观云

波浪云

波浪云指云型十分像波浪的云，体型较大的波浪云也称海啸云，罕见而又壮观，多发生在层积云或高积云上，因此也属于层积云或高积云。

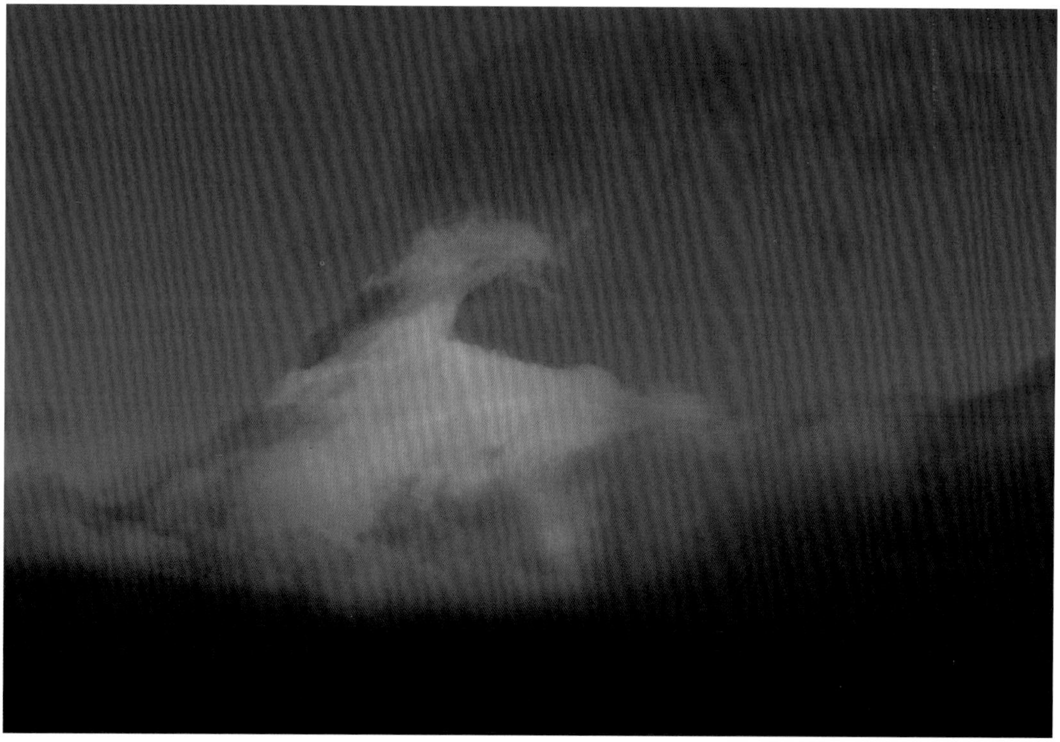

彩虹点缀的波浪云　刘清煌 / 摄

空气流动和我们常见的水流其实没什么两样，它们都是流体力学研究的对象。所不同的是，我们可以清楚地看见水流，但却无法直接看到大气的运动，而只能通过风速、风向或云形来感受与体现。波浪云的出现说明大气运动时同样存在着像水一样的波浪、浪花。

波浪云的成因

我们经常用“无风不起浪”“风高浪急”等来描述水面的波浪，大气也是如此，波浪云“显影”了大气中的波浪运动。大气中从不缺少波动，但是如果要在这些波动上再“兴风作浪”，也不是仅仅有风就可以实现的。

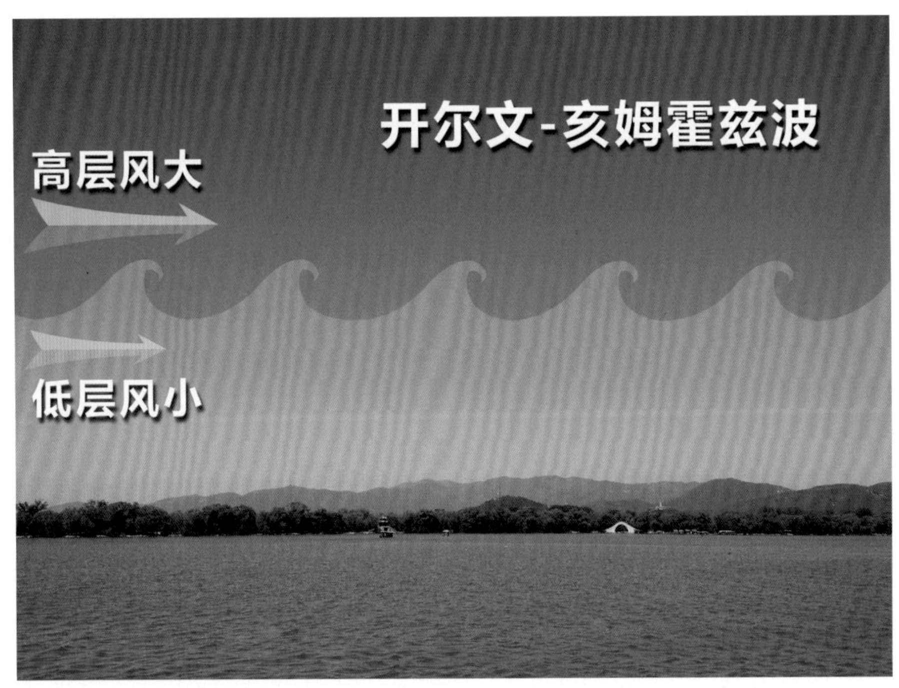

波浪云的成因示意图　戴云伟 / 合成

大气中的波浪是在不稳定波动基础上发展而形成的。通常，大气的密度、风速是随着高度渐渐变化的，此时大气中的波动多是“有波无浪”，这种波常常表现在波状的透光高积云或透光层积云上。但是当某个层次出现密度、风速随着高度发生突然的变化时，这些波动就会逐渐失去稳定性而发展为波浪，甚至浪花飞溅，这些飞溅的浪花就是湍涡（乱流）。造成波动失稳的原因最终被开尔文和亥姆霍兹两位科学家找到，为了纪念这两位科学家，学界就称这种不稳定叫开尔文-亥姆霍兹不稳定。

如果此时大气湿度也接近饱和，这些无形的波浪就会以云的形式呈现出来，它就是波浪云。

波浪云 视觉中国

波浪云主要出现在层积云或高积云的上部，可以看到贴近干冷空气一侧的波浪云轮廓清晰，“干净利落”，而另一侧的边界看上去就有点“拖泥带水”。

波浪云 视觉中国

波浪云被涡旋扭成麻花状，胖嘟嘟的，形状怪异。另外，图中底部还出现了前面介绍到的滚轴云。

波浪云　周昆炫 / 摄

台湾“中国文化大学”位于台北阳明山的半山腰，在这里不但经常可以看到风高浪急的波浪云，而且也是观测彩虹及其他天气现象的绝佳地点。

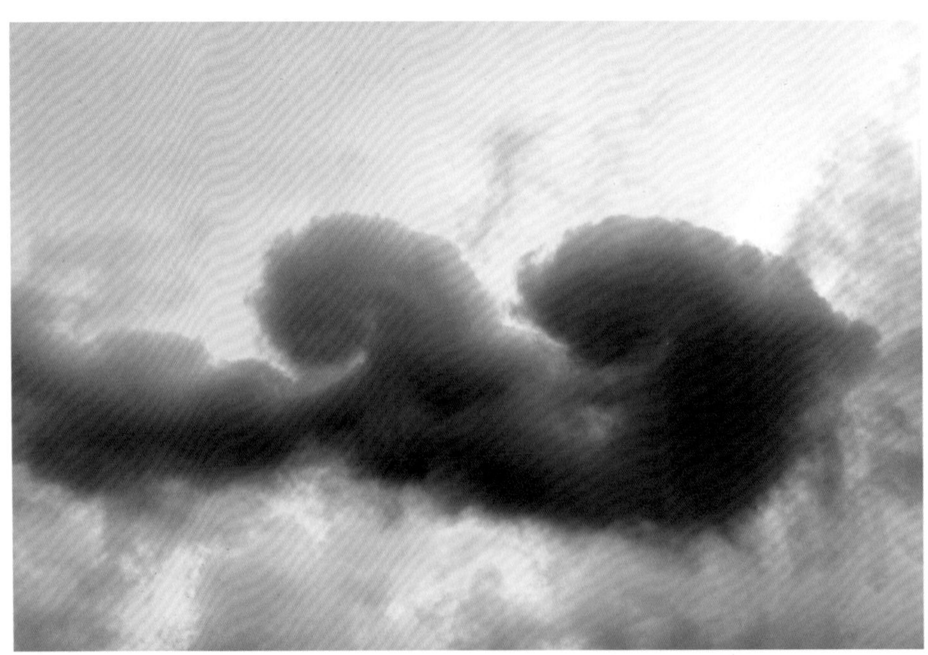

波浪云　视觉中国

大气中的水汽充沛时所形成的波浪云总是胖嘟嘟的，慵懒的姿态也显得有些憨态可掬。

波浪云　中国气象图片网

波浪云出现的高度越低，水汽条件就会越好，所形成的波浪云会越显雍容。图中的波浪云毛茸茸的，感觉很可爱，后面那朵云有点像萌萌的企鹅。

波浪云　视觉中国

渐近黄昏，被晚霞着了色的波浪云更加瑰丽，像排着整齐队伍畅游在天空中的海豚。

波浪云　戴云伟 / 摄

波浪云比较罕见，持续时间也很短暂。有人说它是皇冠上的明珠，观测到它需要有鹰一样敏锐的眼睛和纯粹的运气。

波浪云　视觉中国

图中波浪云的下部为相对干燥层，大气中的波浪运动就不能被完整地“显影”，一只只如同羊角的云只是“显影”了波浪的浪尖。

波浪云　戴云伟 / 摄

波浪云一般出现在气温、风速垂直变化较大的高度，同时湿度近饱和。在众多奇云中，波浪云是比较难求的。

波浪云　戴云伟 / 摄

夕阳西下，喧闹一天的大气也逐渐恢复平静，此时在高空风的“搓摩”下就容易出现波浪云。

斗笠云

斗笠云又称笠状云、帽子云，是指云块的外观像一顶斗笠盖在山顶。它是一种“锚”在山顶的荚状层积云或荚状高积云，多出现在海拔较高的山顶。斗笠云与荚状云也经常被并称为UFO 云。

斗笠云　视觉中国

斗笠云“锚”在山顶，看上去神态若定，就像没有风一样，但事实上，斗笠云出现时所在高度的风很大。有的斗笠云出现在天气系统到来前，对天气变化有预兆意义，但有时也出现在天气系统的后部。因为受地形影响，有些山头的斗笠云预兆天气变化灵验些，有些山头的斗笠云不太灵验，所以，根据斗笠云来预报天气时需要谨慎。

斗笠云的成因

河流底部如果潜藏着一块石头，就可以在其上部和下游看到它颠出的波动。大气中也类似，有气流越过山脉时也会在山顶及其下游“颠”出一系列波动。另外，在这些波动之上有时还会叠加涡旋。斗笠云就是由山顶的波动引起的，而其下游的波动也为荚状云的形成提供了动力条件。

在有风的日子里，有山的地方总会有气流波动，但并不总会出现斗笠云。有“风波”只是个前提条件，它是无形的，通常不会直接被发现。但当空气变湿时就不一样了，特别是山顶高度的大气湿度临近饱和时，波动引起的上升运动导致水汽凝结，就会形成斗笠云。如果湿度在垂直方向上有干湿空气的交替变化，还会形成斗笠云多层叠置的奇特现象。

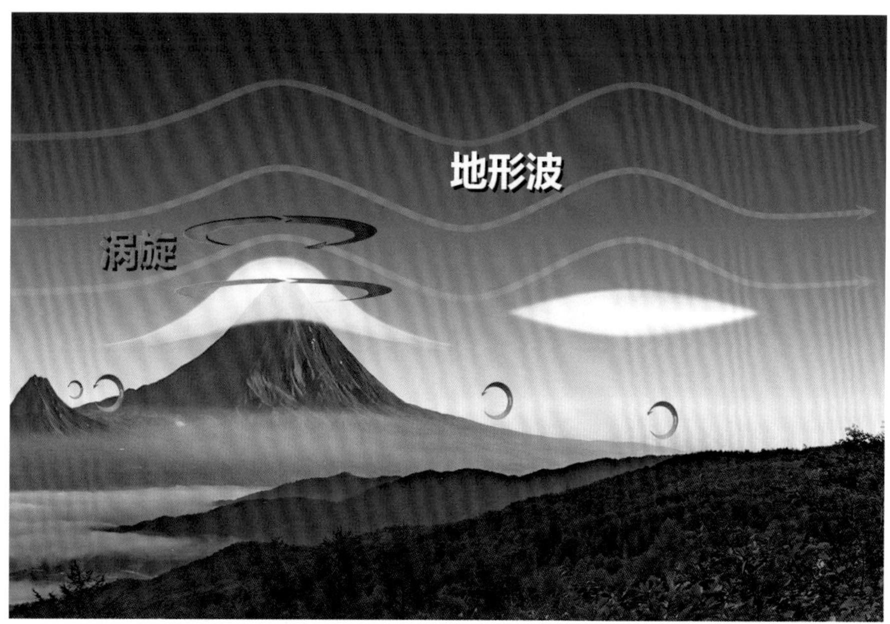

斗笠云的成因示意图　戴云伟 / 合成

斗笠云　视觉中国

大气环境的湿度较大时，整个山体附近都有些雾蒙蒙的，此时的斗笠云与周围环境有着千丝万缕的联系，不像在相对干冷环境中那么轮廓清晰。

斗笠云　视觉中国

斗笠云像一层薄纱轻盈地飘在山体上，光滑温润的独特外形让人体会到大自然的静谧和谐。

斗笠云　视觉中国

斗笠云的形状变化多端，有时像一个装有千层饼的圆盘摆在山峦之上。如果再有淡淡的霞光烘托映衬，更是瑰丽至极，让人惊叹不已。

斗笠云　视觉中国

斗笠云多出现在海拔较高的山上，海拔越高，气流的稳定度越高，所以形成的云也越静稳圆润。垂直方向静稳是形成斗笠云的最基本条件。

斗笠云　视觉中国

在复杂气流的干扰下，斗笠云一般难以持久。图中的斗笠云正在消散，看上去有些单薄，像抛起来的头巾，是那么的洒脱飘逸。

斗笠云　视觉中国

干湿垂直交替分布时可以形成多层斗笠云。图中的斗笠云在夕阳的照射下，看上去是那么的温润与玲珑剔透，如同摆放在山顶的琥珀。

斗笠云　视觉中国

人们习惯称斗笠云为飞碟云，它属于较奇特的荚状云，多层叠置的斗笠云则更加称奇。

斗笠云　视觉中国

大气中干湿层的垂直交替分布十分常见。在冬日的早晨，在山腰处就可形成多层的层云。斗笠云也是一样，可以出现三到五层的叠置。

旗云

旗云是一种地形云，它在高山峰顶背风的一侧生成，随高空风向下风方伸展并摆动，远远望去好似一面飘荡的旗帜挂在峰顶，故而得名。

旗云　视觉中国

旗云是高大山脉的风向标，可以反映高空的风向、风力以及大气湿度状况。旗云大多出现在天气晴朗时，其飘动的状态反映了峰顶风力的大小。旗云飘动的位置越向上掀，说明高空风越小；越向下倾，说明风力越大；若和峰顶平齐，风力约有九级。

旗云的成因

当汽车、火车急速行驶时，其后部会形成低气压区。如果距离高速列车太近，这个低气压足可以把人抽吸过去。其实不止在列车的后部，列车的很多部位都存在低气压，这也是旅客在站台等候列车时不可距离轨道太近的原因。这种低气压由列车与空气间的相对运动而产生，即便列车不动，大风吹过列车时也同样会在这些部位产生低气压。

与此类似，矗立在大风中的高大山脉，会在其背风坡一侧形成低气压。低气压引起背风坡一侧较低层空气的上升运动。当低层空气湿度较大时，水汽就因上升运动而凝结形成云，并随风飘扬形成旗云。另外，有些旗云也可能是由背风坡一侧的热力对流引起。

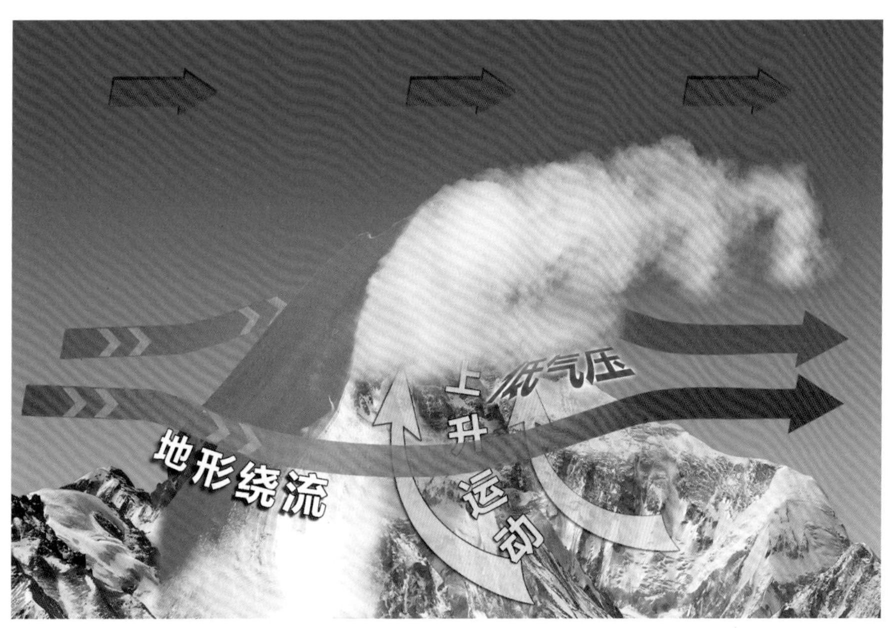

旗云的成因示意图　戴云伟 / 合成

旗云　视觉中国

旗云像竖立在山峰的一面旗帜，为登山者昭示着前行的目标，仿佛有人在山顶不停地向你招手致意。

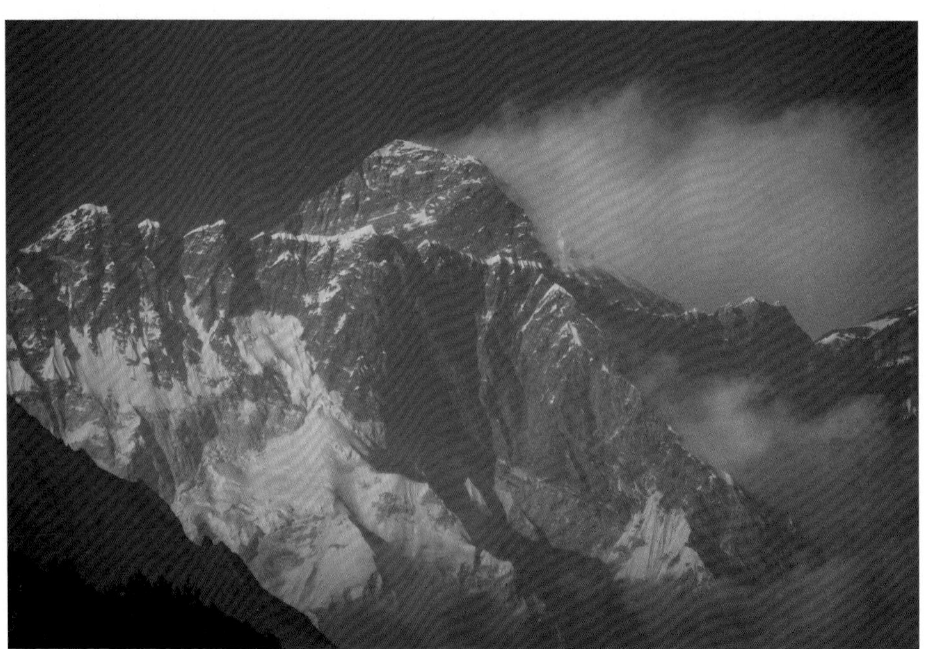

旗云　视觉中国

风不大的时候，旗云看上去就像雾气腾腾的样子。所以可以根据旗云的状态来判断高空的风向、风力。

珠峰旗云　何立富 / 摄

高山气象状况复杂多变，有经验的登山运动员都会从旗云的有无和飘动状态来粗略判断当时的天气，及时调整登山计划。

旗云　视觉中国

旗云如同从烟囱出来的炊烟，不但可以据此判断风向，还可以粗略判断风力大小。风越大，“烟”被压得越低，甚至会泛起波浪。

旗云与云霞　视觉中国

在朝阳的映照下，旗云被染上金色的云霞，仿佛给山峰镶了一道金色的毛边，金光闪闪，熠熠发光。

旗云　李臺军 / 摄

图中的旗云如浓烟滚滚，这是在中国东部的最高峰——台湾玉山上拍摄到的景象。在高空有风的日子里，这里经常可以看到旗云在峰顶舒展。

瀑布云

瀑布云也称云瀑，是指层状的云顺着风向在飘移的过程中遇到山口、悬崖或翻越山岭时，会由于重力因素跌落，像水一样倾泻而下，迅猛磅礴，澎湃汹涌。有时也像黏稠的糨糊挂在山坡。云在下沉时随着温度的升高，其下部会逐渐消散。

瀑布云 视觉中国

瀑布云被誉为“银河倾泻”“白龙窜谷”，通常仅持续10～30分钟，难得一见。秋季天气静稳，是观赏瀑布云的最佳季节。

瀑布云的成因

垂直运动可以改变空气的温度、湿度甚至水的相态（固态、液态、气态）。云体随气流越过山脉后，如果这一侧的空气湿度较大，云在随气流下沉中消失过慢，就会形成如同水流的云体。另外，空气的下沉运动自身也会导致相对湿度下降、空气变得干燥，云会在下沉中慢慢蒸发消散。这一边下沉一边消散的云就是瀑布云。

瀑布云有着江河瀑布般的气势，但其下沉运动看上去很慢，有的甚至是黏滞于山体形成漫坡的景象。

瀑布云的成因示意图　戴云伟 / 合成

瀑布云　视觉中国

图中的云蔚为壮观，最符合瀑布云的特征。远远看去真像一帘瀑布挂在山崖之上，正川流不息地流入下面的一潭碧水。

瀑布云　视觉中国

图中的瀑布云造就了一幅山清水秀的山水画，身临其境，定能真切地感受到行云流水， 恍若仙境。

瀑布云　视觉中国

由于风速较小，图中的层积云刚刚涌至山顶，似乎是停滞在山头。大气的湿度决定了瀑布云“下泻”的深度，空气越干燥，瀑布就越浅。

瀑布云　李臺军 / 摄

当空气湿度较大时，瀑布云在“下泻”中蒸发变慢，所形成的瀑布云看上去像糨糊一样黏附在山上。

瀑布云　视觉中国

图中的云滚滚而来，翻越过长长的山脊线后就像河水一样，紧贴着山体倾注而下。瀑布云一般发生在早晨或雨后初晴的夜晚，此时大气十分静稳。

瀑布云　赵勇 / 摄

这是在泰山之巅拍到的瀑布云，像一泻千里的江河，远远看去，“逝者如斯夫”似乎又多了一层深意。

扫码观云

幡状云

幡状云看上去就像横挂在天上的经幡，它可以出现在各种高度的云上，可以说是没有降落到地面的雨雪，因此有时也被称为雨幡。气象爱好者称之为十大奇异的云彩景观之一。

幡状云 视觉中国

幡状云与旗云有些不同，幡状云像横着挂的旗子，而旗云则像竖着挂的旗。

幡状云的成因

云中的冰晶或水滴长得较大，或者上升运动产生的托力减小，它们就会降落，降落过程中还会不断蒸发变小。如果下层空气很干燥，它们降落一段距离后就蒸发成气态而消散。这些正在飘落的冰晶或水滴就是我们远远看到的幡状云。

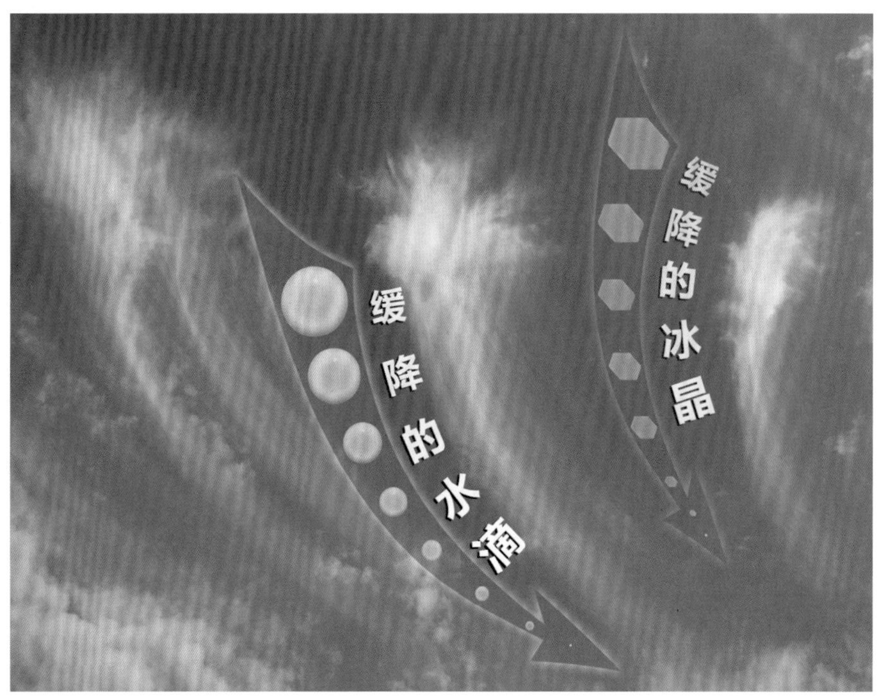

幡状云的成因示意图　戴云伟 / 合成

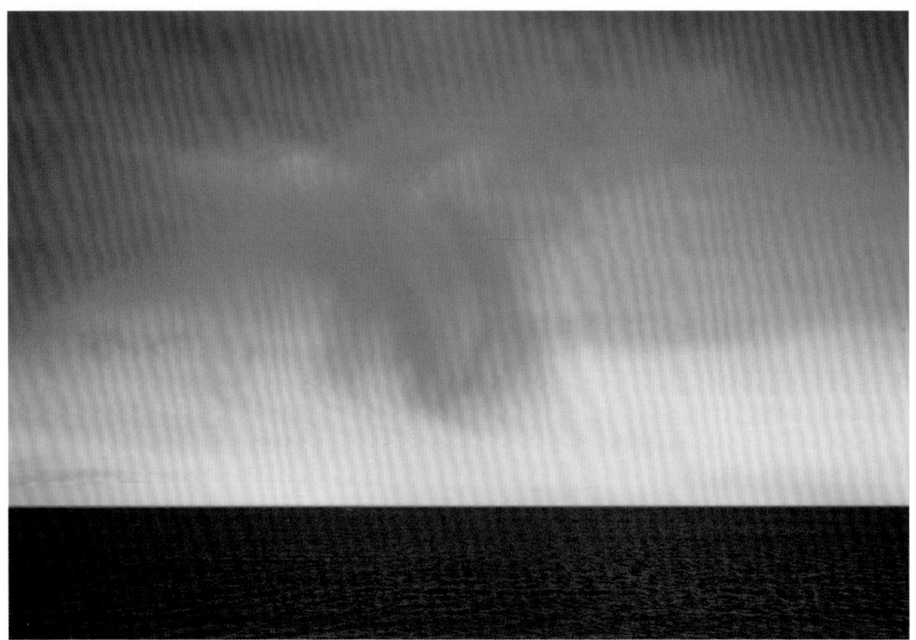

幡状云　赵勇 / 摄

低空大气很干燥，雨滴在空中很容易被蒸发。在灰暗的天空下，此时的幡状云远远看上去就像飘逸的秀发。

幡状云　视觉中国

幡状云可出现在积雨云、雨层云、高积云、层积云和卷云的下面。其实，钩卷云就是由密卷云和其下面被风吹歪了的幡状云组成的。

幡状云　视觉中国

幡状云中的水滴或冰晶都十分轻盈，很乖地随风而飘。因而可以根据它们的走向判断高空的风向和风力。

金色幡状云　视觉中国

在夕阳余晖之中的幡状云更显美丽多姿。由于风的作用，云的细腻纹理已经弯曲，像抖动在空中的金色山羊胡须。

穿洞云

穿洞云也叫雨幡洞云，指在云层上出现的云洞、裂缝、云沟等现象，是一种罕见的天气现象。穿洞云看起来就像“开了天眼”一样，主要发生在较薄的透光高积云上。

穿洞云　李臺军 / 摄

穿洞云的成因

被穿洞的云层温度通常在 - 20℃左右，组成云的并不是固态冰晶，而是液体水滴，因为它们低于0℃还不结冰，故称为过冷却水。这些过冷却水滴极不稳定，当有冰晶撒入其间时就会迅速冻结，冻结后又导致周围水滴冻结，产生链式反应并不断长大，当长大到不能被托住的时候就会降落，由此在云层上形成了云洞。

坠入的冰晶多是来自其上方的云。这个机制其实就是人工影响天气中的冷云降水原理，向有过冷水滴的云层中撒入碘化银让过冷却水滴冻结、长大、降落，以此来增加降水。

穿洞云的成因机理示意图　戴云伟 / 合成

另外，飞机的穿行也可能是形成穿洞云的另一原因。一方面，当飞机穿行于较薄的云层时，乱流或排出的热可让云中水滴蒸发，导致沿途云的消失，似乎是飞机在云层上切出了一道缝。另一方面，飞机尾气中的颗粒发挥了冰晶的作用，从而触发了云层中过冷却水滴的冻结、成长、降落，最后形成一道云沟。这与航迹云的形成过程相反，也称耗散尾迹。

穿洞云　李臺军 / 摄

被穿洞的云是比较薄的高积云，云洞之上有卷云。正是这卷云中坠落的冰晶击穿了下面的云层，才形成穿洞云。

穿洞云　视觉中国

这是2019年8月24日在江苏淮安出现的鹅毛般卷云，其下方的高积云仿佛被卷云劈开了裂缝。

穿洞云　视觉中国

这种易被穿洞的云多由过冷却水滴组成，水滴属于极度不稳定的液态结构，一旦有冰晶落入就会立即结冰、长大、降落，形成云洞。

穿洞云　视觉中国

图中的云洞与上层的毛卷云轮廓十分吻合，看上去像是漂在云海中的一叶轻舟。很明显，正是它击穿了下层较薄的透光高积云。

穿洞云（云沟） 视觉中国

图中的云沟与飞机形成的冰晶航迹云吻合。目前也有飞机涡旋动力导致云的消散从而形成云沟或穿洞的说法。

穿洞云（云沟）与多孔云 周昆炫 / 摄

航迹云的冰晶坠入由过冷却水滴组成的较薄高积云中，会造成水滴冻结长大而降落，形成“挖沟”效应。图中左上部为后面要介绍的多孔云。

多孔云

多孔云，指云的整体或者其中某部分出现很多小孔的云，属于一种特殊的云，可以出现在层积云、高积云、卷积云上；此时天气多趋于晴朗或已经平稳。通常有“积”字特征的云，外形多是凸起的疙疙瘩瘩，而多孔云恰恰相反，其外形却是凹陷的坑坑洼洼，看上去像太湖石上的孔洞。

多孔云 李臺军 / 摄

多孔云的成因

多孔云通常出现在天气系统的后部，其形成与云层上部过冷有关。通常的“积”状特征云都是因为底层过暖产生的层内对流而形成。如果上层过冷，对流则容易形成多孔云，这是贝纳对流的另一种形式，若有兴趣可以去深究一下。

这有点类似于，当给一杯水从底部加热时，对流中的上升运动是主动的，下沉运动是被动的，水杯中间上升，四周下降；当给一杯水的上部中间放一块冰时，你会发现，杯子中水的中间部分为下沉运动，而四周表现为上升运动，这里下沉运动是主动的，四周的上升运动是被动的。大气中表现为中间下沉无云，四周上升有云。

多孔云　戴云伟 / 摄

云上的小孔为下沉运动，孔的周边为上升运动，因此，云总是分布在孔的四周，孔孔相靠，形成网状。

多孔云　李臺军 / 摄

图中的多孔云属于透光高积云，具有波状结构。

人工奇云

在我们惯有的印象中，云应该纯粹是大自然的产物。但事实上，自从18世纪工业革命之后，人类活动已经逐渐影响了天气、气候，包括云。其中，航空、航天等活动所产生的云雾也开始频频出现在人们的视野，尽管有些还没被称为云而是称作云雾，本书我们称之为人工奇云。从物理成因的角度来说，它们和自然云一样，都是悬浮在大气中的小水滴、小冰晶。它们有时久久不散，有时转瞬即逝，但都反映了所在高度大气层的湿度接近饱和的特征。

本部分将以奇云的方式介绍这些人工云，一方面是为气象爱好者揭开这些迷雾，同时也借此满足公众对人工干预天气的兴趣。尽管它是人类活动无意制造的一些云，但其形成的物理机制与自然云是一致的。

航迹云　戴云伟 / 摄

扫码观云

航迹云

航迹云又称尾迹云、机尾云，俗称“飞机拉烟”。它是在飞机发动机排气口处形成的云，有点类似于冬天我们呼吸时形成的雾气。

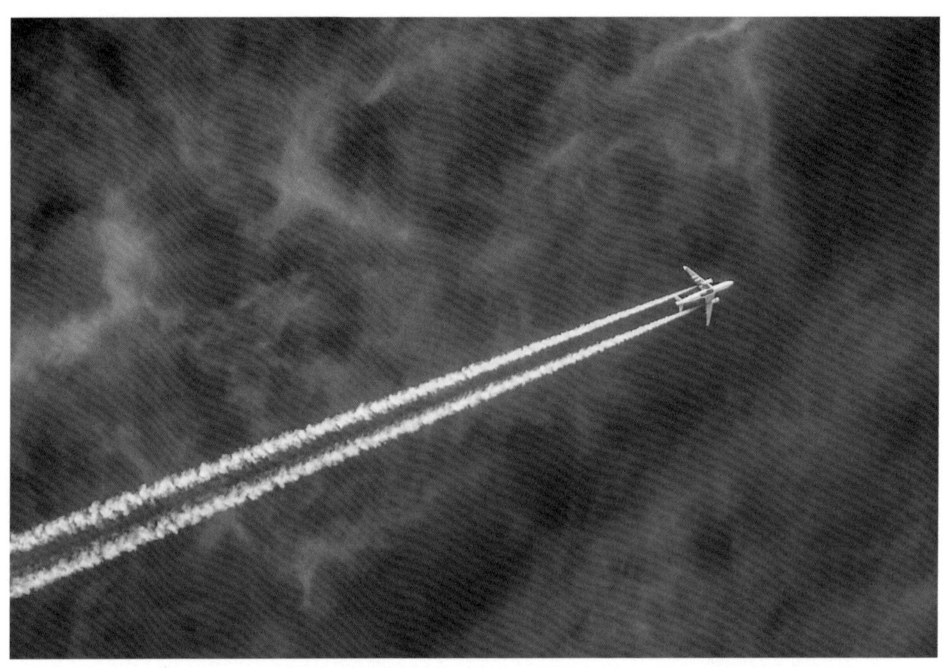
航迹云　视觉中国

飞机发动机排出的尾气不像柴油拖拉机等排出的浓烟，它的废气是相当环保的，其主要成分是水汽。通常飞行高度处的空气干燥，飞机排出的这点水汽根本不算什么，很快就能扩散到周围环境里并消失得无影无踪，因此就看不到“拉烟”现象。但是当飞行高度处的空气湿度很大并临近饱和时，情况就不一样了。此时飞机排出的这些平时微不足道的水汽就发挥了“临门一脚”的增湿作用，使水汽达到饱和、凝结并形成航迹云。

航迹云形成的根本原因是飞行高度处的空气湿度过大并已经接近饱和。而几千米以上高空湿度的加大又多是天气系统到来前的暖湿气流所造成的，因此，航迹云的出现对于天气变化有预兆意义，可算作天气变化前的“消息树”。

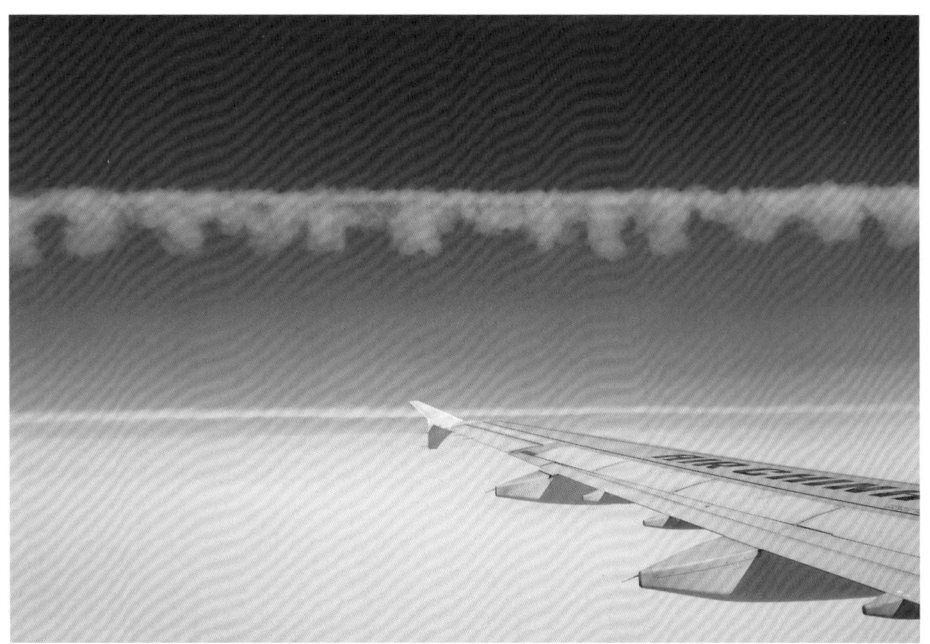

航迹云　戴云伟 / 摄

这是在高空近距离拍摄到的航迹云，因为空中湿度较大，云中冰晶或水滴会逐渐长大并沉降，此时的航迹云就像倒置的堡状高积云。

航迹云与晕　戴云伟 / 摄

落日余晖中，天空布满了毛卷层云，日晕、航迹云与淡淡的晚霞相互映衬。航迹云的出现说明高空的湿度很大，是天气系统即将影响本地的前兆。

航迹云　视觉中国

2019年3月14日，恰逢国际圆周率（π）日，北京上空出现这种与圆周率π密切相关的圆形云，实属罕见。不过，仔细观察下图就可以发现蹊跷。

航迹云　视觉中国

这是2019年3月14日较早时刻拍到的圆环状云，可以明显看出，这是飞机盘旋时所形成的航迹云，之后逐渐演变成花环状，恰似国际圆周率日的图腾。

尾涡云

尾涡云是指在飞机的机翼两端产生的如“白龙”一样的涡旋状云。这种云出现时，通常意味着飞机飞行高度的空气湿度很大并已经临近饱和。

尾涡云　视觉中国

水中的涡是日常生活中常常可以看到的自然现象。飞机在飞行过程中也会产生尾涡，仿佛飞机在空中的足迹。飞机产生的尾涡也会对尾随其后的飞机飞行安全构成潜在威胁。当后机进入前机的尾涡区时，会出现飞机抖动、下沉、改变飞行状态、发动机停止甚至飞机翻转等现象，尤其是小型飞机尾随大型飞机起飞或着陆时，若进入前机尾涡中，处置不当很有可能发生事故。

尾涡云的成因

尾涡云不同于飞机“拉烟”的航迹云，它的形成原理十分类似于龙卷云，只不过这里的管状涡旋是由气流和机翼间摩擦产生的小涡旋汇聚在机翼两端而形成。涡旋中心为低气压，当环境空气的湿度较大时，进入涡旋的水汽就会因膨胀降温而达到饱和，并凝结形成云。

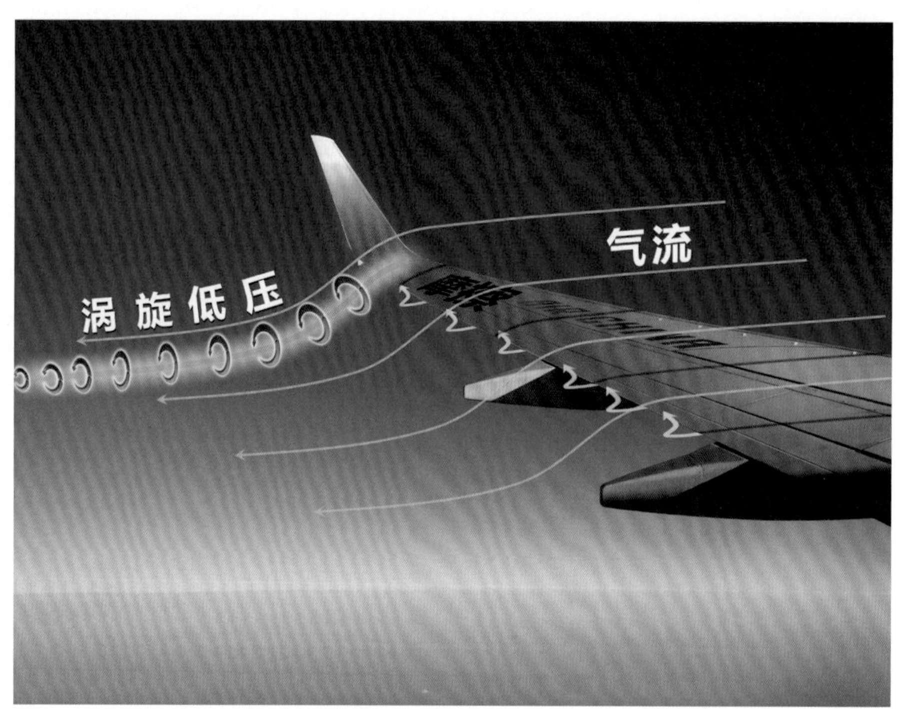

尾涡云的成因示意图 戴云伟 / 合成

摩擦导致流体形成的涡旋（也称摩擦涡）在生活中很常见。下泻水池中的旋涡、大风天里随处可见的小旋风等都是流体与周围摩擦形成的涡旋，还有烟民们要酷时吹出的烟圈，也是通过气流与口唇间摩擦形成的管状涡旋。

尾涡云　视觉中国

尾涡云主要形成于飞机起飞后和着陆前的时段内，空气湿度越大越易形成。

尾涡云　视觉中国

尾涡是产生飞行阻力的因子之一，因此，飞机在设计时要尽量减弱尾涡。

尾涡云　视觉中国

尾涡云的形成机理与龙卷云一样，都是利用涡旋低压产生的膨胀降温作用形成云。航迹云的形成机理则不同，它是通过增加水汽形成云。

尾涡云　视觉中国

图中除了涡旋低压形成的尾涡云外，还在机体上部的低气压中形成了云。飞行器、航天器在设计时都要尽量规避这些因素带来的影响。

音爆云

音爆云多发生在飞机超音速飞行时，有时候未达到音速的飞机也可形成，通常表现为以飞机为中心轴、从机翼前段开始向四周均匀扩散的圆锥状云。在空气动力学中，它还有一个更专业的名字，叫“普朗特 - 格劳厄脱凝结云”。音爆云一般在湿度相对较大的气层才会出现，持续时间也就几秒钟。

音爆云 视觉中国

由于气流流速在突破音速的时候比空气传导速度更快，无法有效向下拉气流，导致密度减小，气压降低，因此，有一定湿度的空气会因膨胀降温作用而饱和凝结成云。

异 彩

——与云有关的大气光学现象

异彩是指大气中与云有关的奇异光彩现象。在古代，异彩是异常天象的一部分，它总被认为是或凶或吉的先兆，以此影响人们的思想和行为。它也经常与社会或政治现象联系在一起，被认为是天象变异、社会变动的先兆，“有大事前必有异象发生”，甚至因为有些异彩的出现，改变了人类历史的走向。在现代科学走入生活之前，可以说社会主流也一直在研究分析天象，以期提前知晓这些异象所蕴藏的天机，并在实践中夺得先机，化险为夷。足见这些天象异彩是多么令人关注和想象。

或因科学普及不够，或因个人的认知条件的局限，直至今日天象观依然还有一定的影响力，并且不是短时间内可以消除的。其实，这些异彩都属于大气科学中的光学现象。它们是在一定的天气条件下，日月光在云层雨幕上呈现出的奇异色彩。其中有的对天气变化有预兆意义，有的纯粹就是浮光掠影、昙花一现。而且，多数异彩现象都可以根据形成原理通过计算机模拟出来。因此，巧遇这些异彩现象，不是什么大事，与吉凶祸福及社会变动等所谓先兆没有任何联系。

总之，要摆脱迷信，需要从科学的角度来解读和认识这些云之异彩。

用科学的眼光来究其本质，无外乎是日月之光的反射、散射、折射、衍射这“四射”在大气中创造出的奇异色彩而已。我们应该抱着科学的态度欣赏大自然的馈赠，同时普及科学文化知识，提高科学素养。

大气光学常识

光是人类认识世界的明灯，没有光的世界会漆黑一片。每个人的生命、生活，一切的一切，都离不开光。我们对世界的认识首先来自于眼睛对阳光照耀下事物的观察，没有光，也就没有了气象万千。大气微物理结构也是通过很多奇特惊艳的光学现象展现出来的。

日晷　戴云伟 / 合成

光是什么，这是我们人类一直孜孜不倦探究的谜题之一。尽管对光的认识十分粗浅，但我们的祖先还是根据影子的变化规律制造了日晷（音同“轨”），来测量日影的长短和方位，以确定时间、冬至点、夏至点。光也因此与时间联系在一起，时光、光阴成了时间的代名词。

光的直线传播

通过对光的长期观察，人们发现，沿着密林树叶间隙射到地面的光线会形成射线状的光束，通过窗口射入屋里的光也像云隙间的光一样。诸如此类的观察事实，使人们认识到光是沿直线传播的。可以说，光线、光芒、光束是人们对光最早的认识和描述。

云隙光（耶稣光） 视觉中国

当太阳光透过云层缝隙，从入射光的垂直方向可以观察到云里出现的一条条光亮的“通路”，这就是丁达尔现象。它还有很多美丽的别名，如耶稣光、天使之梯、曙暮辉等，也常常被看作是神圣、崇高、救赎的象征。

光是一种电磁波

17世纪以后，随着现代观测仪器的发明和科学实验的深入，很多光学现象已经无法用光的直线传播来解释，因此出现了许多新的学说。其中，牛顿的微粒说和惠更斯的波动说最具有代表性，他们之间互不相容，学派之间的争论长达一两百年，直到19世纪麦克斯韦电磁波理论出现时才被平息，因此，光的认识过程可谓一波三折。

现在我们知道了光是一种电磁波，它和无线电波一样，都是电场和磁场交替振荡传播能量的一种形式。

牛顿的光子说示意图　魏思静　戴云伟 / 绘

按照波长由短到长的顺序，电磁波大致可分为：γ射线、X射线、紫外线、可见光、红外线、微波、无线电波。可以看出，我们既熟悉又陌生的可见光其实只占了电磁波谱家族中很小的一段。

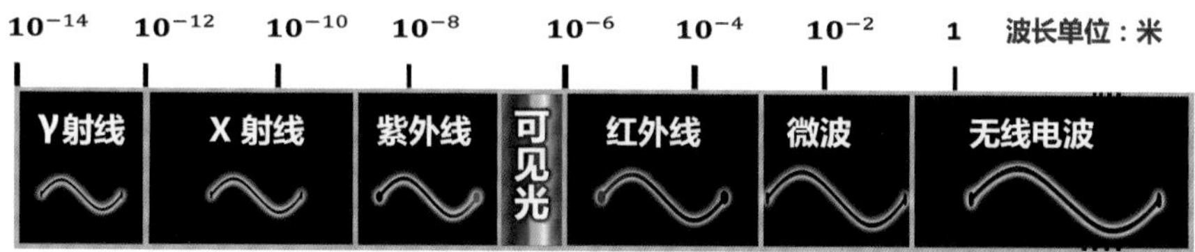

电磁波谱

可见光是电磁波谱中人眼可以感知的部分，波长一般为400～760 纳米，其中红光波长最长，紫光波长最短。可见光根据波长的长短大致分为红、橙、黄、绿、蓝、靛、紫七种颜色。

各种颜色的光在表现自己时都有“洁癖”，就是在自己“前进”的方向上不能有任何其他颜色的光掺杂，否则就与掺杂色共同表现出另外一种颜色。如果七种色光同向混合而行，就表现出白色光。这就是可见光的微妙之处。

云中的各种色彩现象，归根结底都是受到白光照射时，被云中的水滴或冰晶产生“四射”而改向，各行其道，因此幻化出各种奇异的色彩。

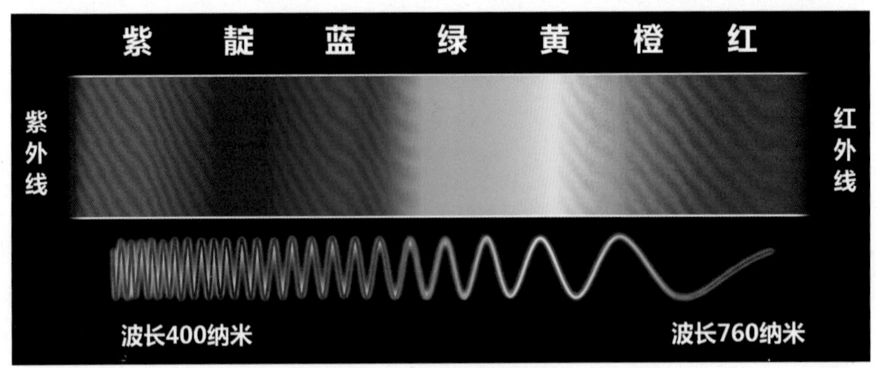

可见光光谱的示意图　戴云伟 / 绘

小知识

为方便读者更深层次地了解本书后面的内容，这里列出几个单位之间的等级关系，以助于读者建立起对微观粒子的直观印象。

1千米（km）= 1000米　　1米（m） = 1000毫米

1毫米（mm）= 1000微米　　1微米（μm）= 1000纳米(nm)

在云的世界里，空气分子是纳米级，云滴是微米级，雨滴是毫米级。对于这些事物，我们不妨做如下的对比：1.5毫米高的蚂蚁、1.5米高的牛、1.5千米高的泰山。通过这种千倍级别实物间的类比，就不再觉得微米、纳米等单位很抽象。

光的四射

当日光、月光通过大气时，大气中的空气分子及其悬浮固态、液态质粒能产生许多绚丽多彩的光学现象，让整个世界姹紫嫣红、五彩斑斓。这些现象有的出现在晴天，有的出现在有云或其他悬浮颗粒的时候。尽管有着千变万化，但究其根本原因，无外乎是光在大气中产生了“四射”现象， 即光的反射、散射、折射和衍射。

光的反射

光传播过程中，在两种物质分界面上光线改变传播方向又返回原物质中的现象，叫作光的反射。它可分为光滑表面产生的镜面反射和粗糙表面产生的漫反射。

镜面反射相对简单，是一种比较理想的情况，指平行的光线射到表面光滑的物体表面时，光平行地向一个方向反射回去。在生活中，用手电筒对着镜子照射发生的反射就是镜面反射。镜面反射的特点决定了只能在某特定角度才可以看到物体，不利于全方位观察，要观其全貌则需要另一种反射，即漫反射。

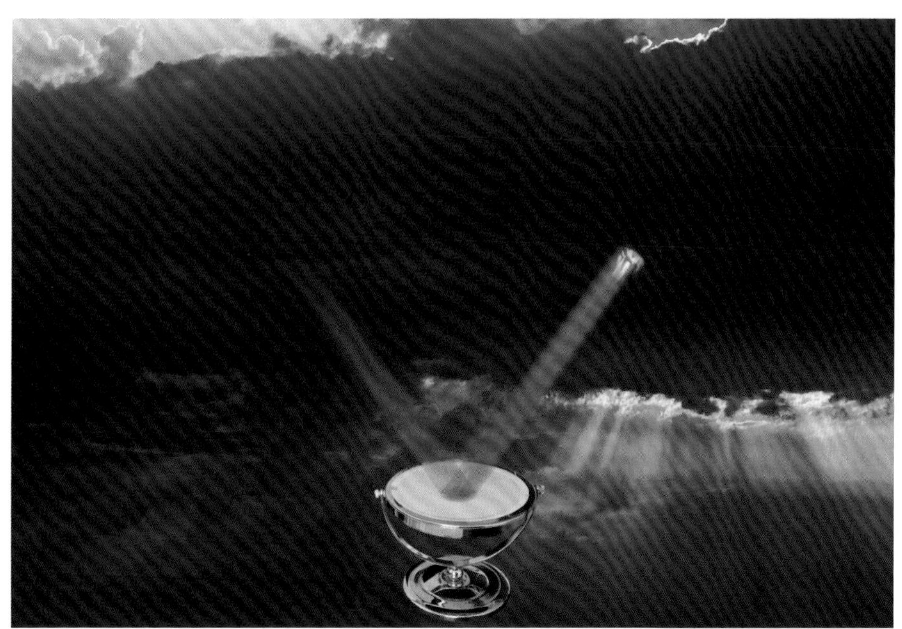

镜面反射　戴云伟 / 合成

大多数物体的表面并不是光滑的，如植物、墙壁、衣服等，尽管有些表面看起来很平滑，但在放大镜下观察就会发现其表面是凹凸不平的。当一束光照射到这类物体的表面时，反射的光线就不再是平行光，而是弥散状地射向不同方向，我们称之为漫反射。

实际生活中，我们多是借助漫反射光来从不同的角度观察物体，并借此来识辨物体全貌。

土红色物体选择土红色光反射的示意图　戴云伟 / 合成

小知识：反射与物体的颜色

当光照射到物体上时，物体对于色光的特性是：同色反射，异色吸收。物体只能反射与该物体颜色相同的色光，而吸收照射到物体的其他颜色光。白色物体反射所有的色光，黑色物体吸收所有的色光。

例如，我们在日光下看到土红色的物体，是因为该物体吸收了白光中土红色以外的其他所有色光，而只对土红色光产生了反射，所以我们才看到物体是土红色的。

光的散射

空气分子或悬浮质粒（水滴、冰晶、尘埃、烟粒、孢子、花粉、细菌等）受到光照后，其分子中的电荷在光线电磁场的影响下发生振荡，会立即产生一个同样的光射向四面八方，这种现象就是光的散射。这些悬浮的一个个分子或质粒就如同一盏盏灯泡，入射光“点亮”了它们后，就会发光照向四面八方。简单地说，散射就是空气分子或悬浮质粒的借光发光现象。

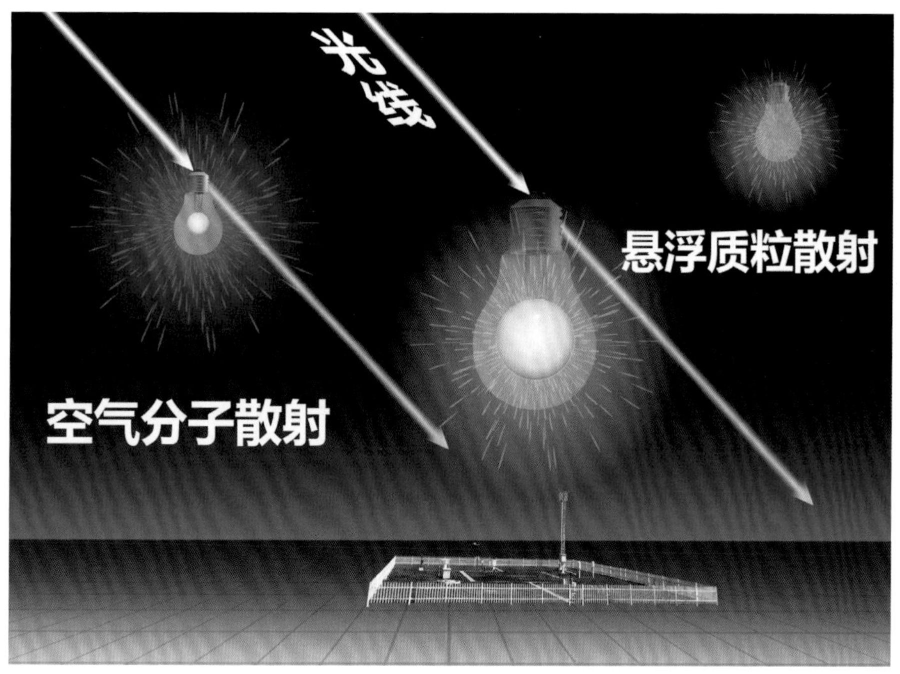

光的散射　戴云伟 / 绘

天空借散射发光发亮

在日光下，散射作用会让其照射下的每个空气分子及悬浮质粒变成一盏盏“灯泡”，只是这种“灯泡”亮度极其微弱。这样每个空气分子及悬浮质粒就形成了无数个光源弥漫在整个天空，因为它们个头实在太小，加上亮度也十分微弱，所以我们视觉无法分辨出每个光源，只能看到发亮的天空。如果没有这些“灯泡”发光，即便在白天，太阳之外的天空也会是一片漆黑。

爱挑剔的散射

大气中的空气分子及悬浮着的水滴、冰晶、尘埃杂质等对于光的散射有着不同的特性，它们的散射喜好大致可以分为三种类型。

A型，偏爱短波型，散射能力只论波长，也称分子散射、雷莱散射。

B型，兼顾型，散射能力受粒子直径和波长的共同影响，也称米散射。

C型，简单型，给什么颜色，就散射什么颜色，无选择性。

天文现象红月亮，就是在太阳、地球、月亮处于三点一线位置时，由于地球大气层擅长挑短波的蓝色光散射，导致穿过地球大气层的日光中剩下较多的红色光照射到月亮上，而形成了我们地球人眼中所见的红月亮。

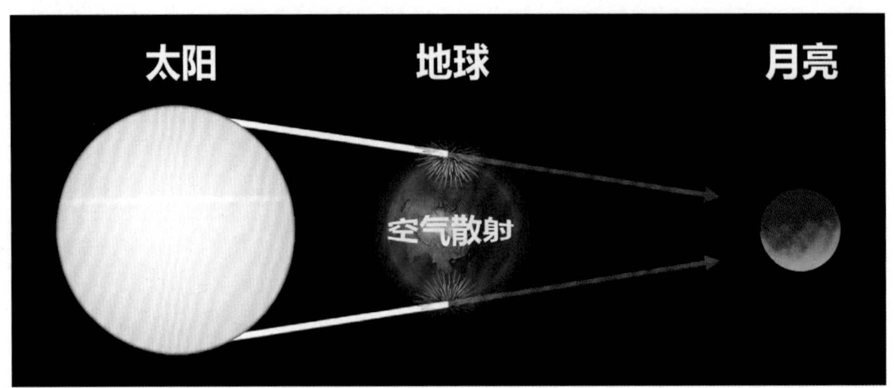

挑剔的散射形成红月亮示意图　戴云伟 / 绘

空气分子的散射

空气分子的散射属于A型散射，它们的直径都不到1纳米，散射能力与波长的四次方成反比，对于波长越短的光，其散射能力越强。

理论计算表明，空气分子对蓝光的散射能力约是红光的3.44倍。因此，天空看上去总是蔚蓝色。有读者会问，紫光比蓝光的波长还短，为何天空看上去不是紫色的。这是因为，我们的视觉对不同色光的敏感度是不一样的，它“重视”绿光，而“轻视”红光、紫光等绿色以外的光。另外，紫光在日光成分中所占的比例也不是很大。基于这些因素的综合作用，洁净天空呈现出的颜色总是蔚蓝色。

早晨和傍晚太阳斜射要穿过比中午厚得多的大气层，过多蓝光被散射掉，到达地面的阳光会剩下较多的橙红色成分，因此，朝阳和夕阳看上去总是红彤彤的。也正是借助这些被散射掉的蓝光，在外太空看到的地球是一个蓝色星球。

悬浮质粒的散射

大气中除了空气分子之外还悬浮着水滴、冰晶、尘埃、烟粒、孢子、花粉、细菌等悬浮质粒。其中直径在10微米以上质粒的散射类型属于简单的C型，对光的散射没有选择性。直径在10微米以下、0.1微米以上的质粒散射属于复杂的B型，它们对入射光的散射“挑三拣四”、各有侧重，挑选标准不一，其散射一方面要考虑质粒自身的直径大小，另一方面要考虑光的波长长短。直径小于0.1微米的质粒其散射类型属于A型。

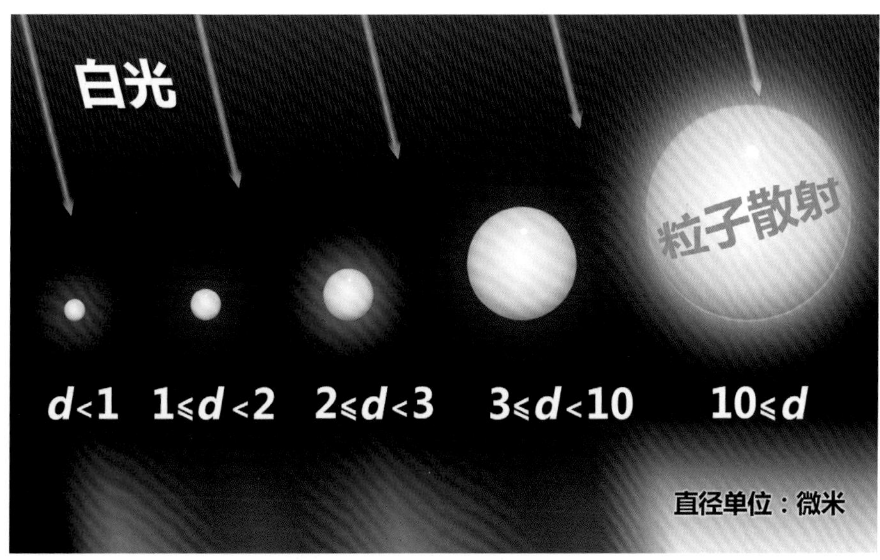

不同直径质粒的散射特性示意图（参考王鹏飞先生的论著） 戴云伟 / 绘

根据已有的理论研究，不同直径（d，单位：微米）质粒的散射规律为：

A型：$d<0.1$，散射蓝光的能力强。

B型：
- $0.1\leq d<1$，散射蓝光的能力强。
- $1\leq d<2$，散射红光的能力强。
- $2\leq d<3$，散射蓝光的能力强。
- $3\leq d<10$，散射红光的能力强。

C型：$d\geq 10$，对各色光一视同仁，没有选择性。

光的折射

光在通过密度不同的两种物质的交界面时发生转向偏折的现象叫光的折射。光线从空气进入水、冰晶中都会发生折射。折射现象在生活中十分常见，如插入水中的筷子，在水中的部分看起来向上弯折；盛了水的碗看起来变浅，都是光从水进入空气中时发生的折射现象。

光从空气进入冰层的折射示意图　戴云伟 / 绘

在同样的界面下，不同颜色光线的折射程度不一样，波长越短，折射角度越大，越偏离原方向，因此，白光中的红光折射角小，折射后偏离原方向的角度小；紫光折射角大，折射后偏离原方向的角度大。如此看来，七种颜色在遇到交界面的“挫折”时，红光相对于橙、黄、绿、蓝、靛、紫六色光是最有“忠诚度”的光，偏离原前进的方向程度最小。

牛顿最美实验：色彩大揭秘

光线通过棱镜产生的折射效应，是大气光学关注的重要内容之一。1665年，牛顿用一块三棱镜把白光分成了红、橙、黄、绿、蓝、靛、紫七种颜色，这就是著名的最美实验“光的色散”。一束耀眼的白光，经过一枚三棱镜，就折射出七彩斑斓的世界。牛顿用最简单的仪器揭秘了一直困扰人类的色彩之谜，并上升到了科学理论的高度。

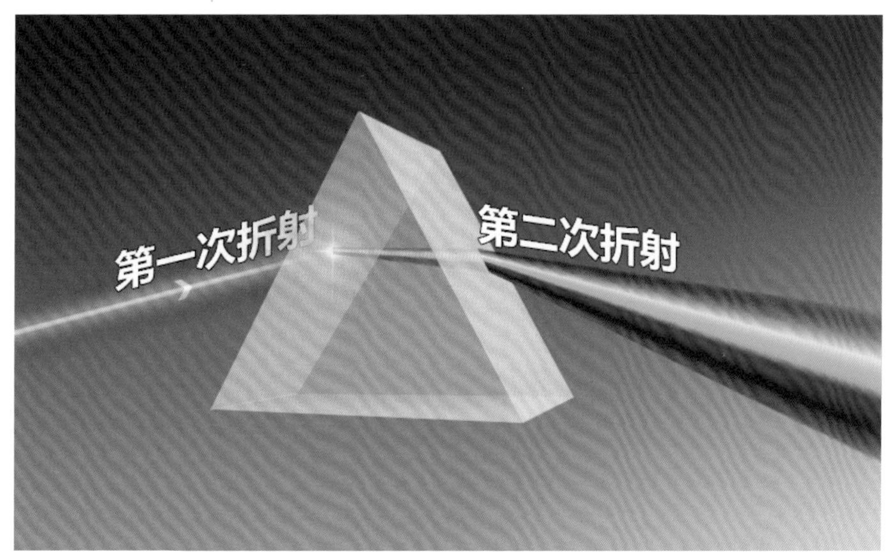

三棱镜折射示意图　戴云伟 / 绘

实验中，光进出三棱镜过程中先后经历了两次折射。三棱镜相当于光前进中的方向盘，针对不同波长的光让其改向，两次折射后就可让白光中的各个色光各行其向，各显本色。

光线进出云中的冰晶、水滴时也都会产生同样的折射，但只有当两次折射之间距离足够大时，才可以表现出我们可以看到的色彩。如果水滴、冰晶太小，分散就较弱，表现不出色彩。当水滴直径小于200微米时，一般就难以通过折射呈现出彩色。

光的衍射

光在沿着直线传播过程中遇到障碍物、小孔、狭缝时，可以“绕”到被遮挡的区域，光的强度也会出现强弱间隔变化的现象，这就是光的衍射，也称光的绕射。

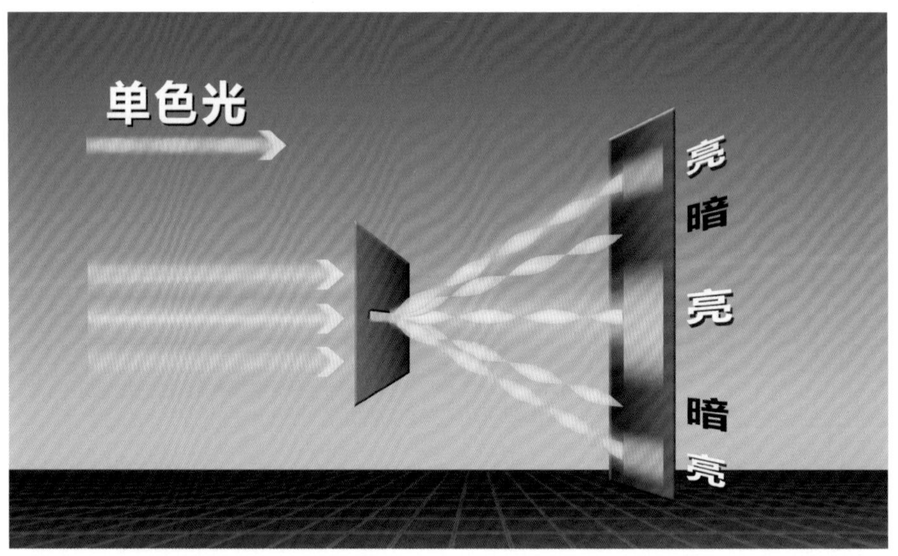

单色光通过狭缝衍射的示意图　戴云伟 / 绘

单色光的衍射

单色光的波长相同，通过单缝挡板时的衍射作用不会改变光的颜色，但会在被遮挡的阴影区产生强弱不同的分布，这种现象的具体原理较为复杂，它涉及高等数学中微积分知识。简单来说，通常讲到的干涉条纹是指两个光源发出的波在空间产生叠加效应，从而导致光的强度在空间强弱间隔分布；而衍射条纹则是一个线段（狭缝）或一个面（小孔）内无穷多个光源在被遮挡区产生的叠加效应（严格来说是积分效应）形成光的强度在空间强弱间隔分布。干涉不只会发生在两个光源间，无穷多个光源发出的光，也会在空间形成相互叠加，即干涉。如果有兴趣深究的话，大家可以关注一下惠更斯-菲涅耳公式。

白光的衍射

不同颜色的光在发生折射时所产生的折射角度不同，衍射也类似。不同波长的光在衍射后强弱间隔距离不同，因此白光在经过狭缝衍射后，就形成了彩色条纹。波长越长的光强弱间隔距离越大，所以，白光通过狭缝后会产生外红内紫的彩色条纹。

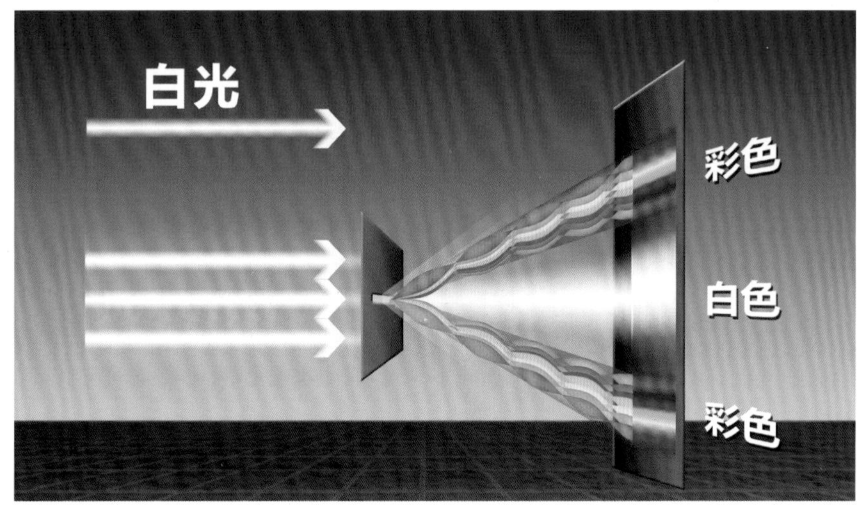

白光通过狭缝衍射示意图　戴云伟 / 绘

白光经过与其波长相近的小孔衍射原理与经过狭缝的衍射类似，也会在小孔后被遮挡区域衍射出外红内紫的多道光环。如果挡板上有像筛子一样密集分布的小孔，也会发生多孔衍射，依然呈现出外红内紫的光环。

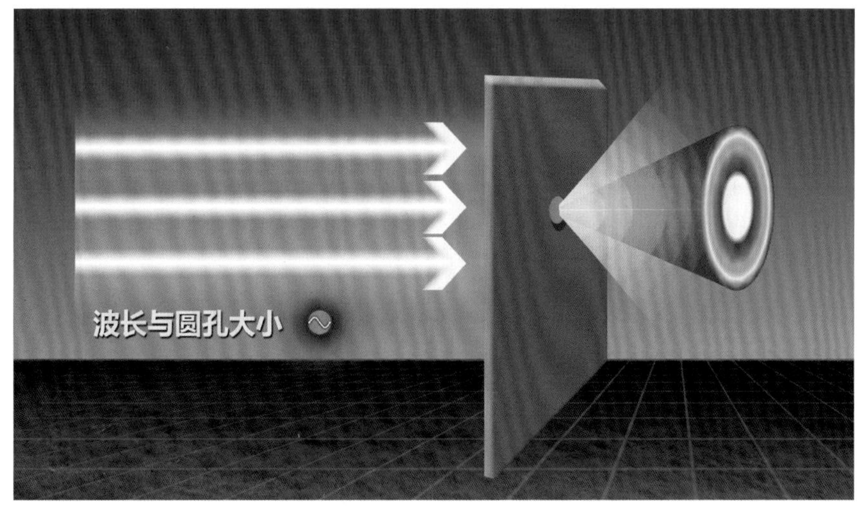

小孔衍射的示意图　戴云伟 / 绘

魅力四射的异彩

大气中与云有关的光学现象主要有霞、虹、晕、华、宝光、虹彩等。如果说天空是个大影院，那么云层雨幕就是这些光现象异彩纷呈的幕布，太阳（月亮）就是放映机。如果要说不同，电影的精彩在胶片上，通过放映机投向白色幕布；而太阳（月亮）只是将白光投向了云层雨幕，玄机在于组成云层雨幕的水滴或冰晶。它们在“幕布”内通过对白光的反射、散射、折射、衍射等“四射”，不再让其中的七色光方向一致“维持”白光，而是让各色光四离五散、各持方向、各显本色，这就在云层雨幕上“放映”出了异彩的景象。在雨幕上“放映”出虹，在云层幕上“放映”出晕、华、宝光、虹彩等。这些景象中，有的需要观察者坐在幕前，有的则需要坐在幕后观赏。

天空影院示意图　戴云伟 / 合成

霞

霞是一种较为常见的气象光学现象，自古以来，人类一直在关注霞并试图找出它与天气变化的关系。通过长期的经验，也总结很多相关谚语来指导预测天气。

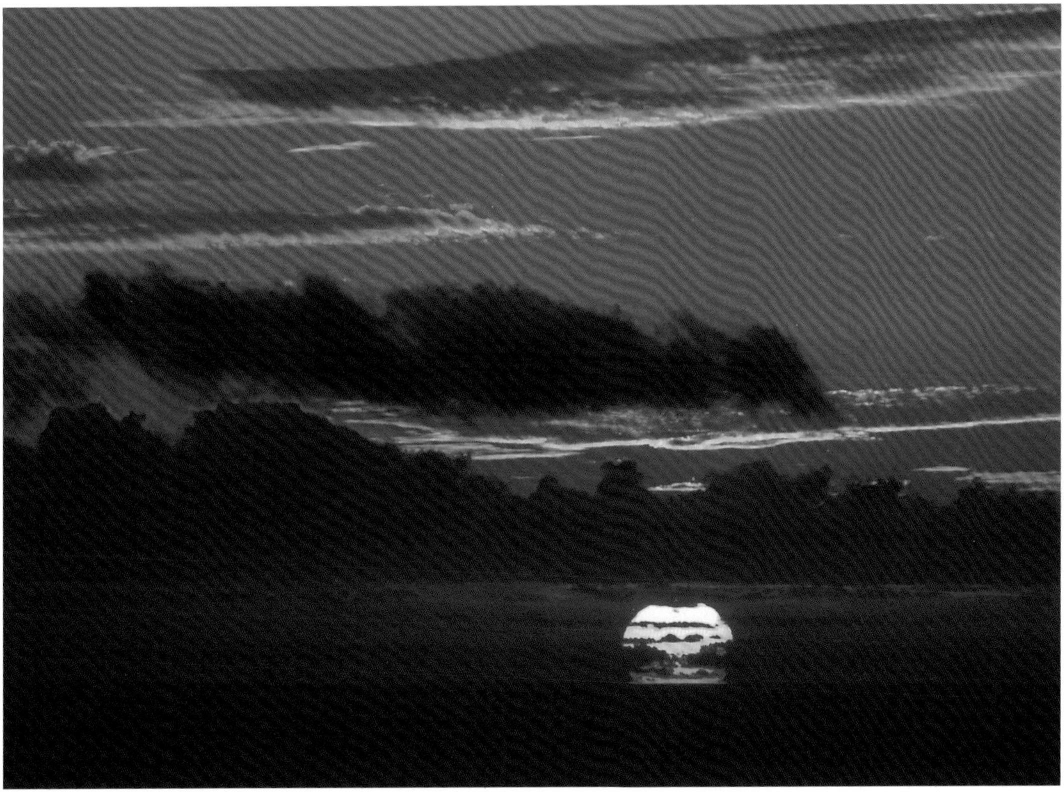

霞 视觉中国

日出、日落时出现在天空、云、山川或建筑物上的色彩叫作霞。日出时的霞叫朝霞，日落时的霞叫晚霞。根据发出霞光的对象，可以分为天空霞、云霞和地物霞。

天空霞　中国气象图片网

天空霞，由空气分子及其悬浮的尘埃杂质等颗粒对太阳余晖散射形成的霞。

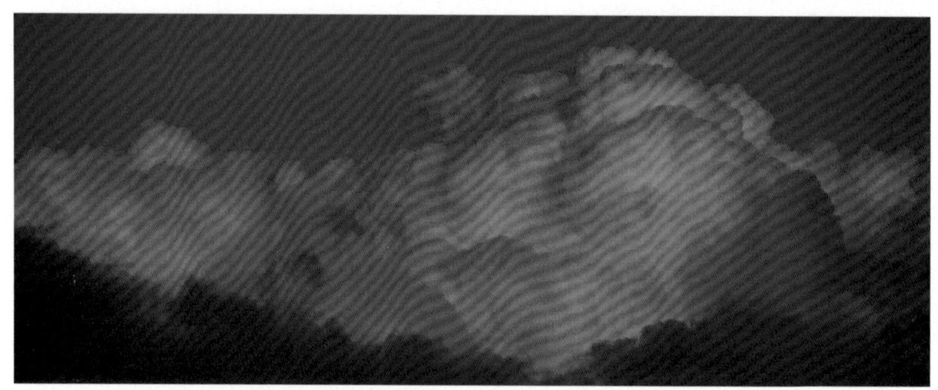

云霞　视觉中国

云霞，云产生漫反射、散射形成的霞，红色的云霞称为火烧云。

地物霞　戴云伟 / 摄

地物霞，气象学家王鹏飞在论著中专门强调了由山川、建筑物等漫反射形成的色彩也是霞，霞的颜色主要由太阳余晖的颜色决定，这里我们称之为地物霞。

霞的成因

霞的简单成因：大气层的散射

日光进入大气层时，空气分子会对沿途光线进行散射，因为散射蓝光的能力是红光的3.44倍，所以行进过程中会造成蓝光的成分不断衰减。日出、日落时，太阳光线要比中午经历更长距离大气层的散射，因此，日光的成分会剩下更多的偏红色成分，橙红色的余晖弥漫了低空大气。

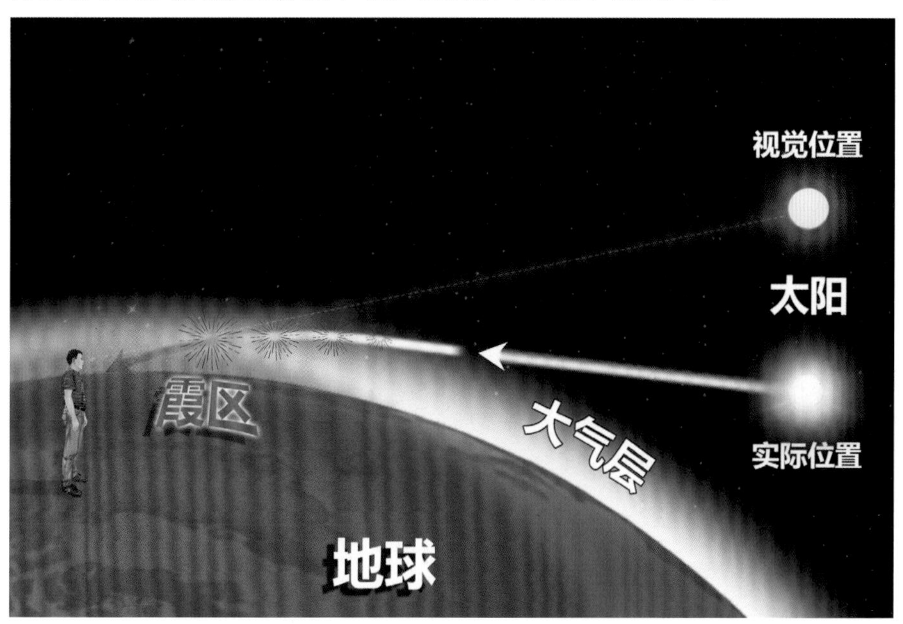

霞的简单成因示意图 戴云伟 / 绘

无云时的天空所形成的霞较为简单，颜色主要根据悬浮物的成分变化而变化，这是最常见的霞。

另外，从上面这张霞的成因图上也可以了解到，太阳斜射时，由于大气层的折射作用，我们看到的太阳其实都是真实太阳的虚像，也可以理解为“蜃景”，即“海市蜃楼”中的“蜃”。因为本书主要介绍与云有关的光学现象，所以这里不再细说。

霞的复杂成因：散射与反射的多次交相辉映

低空空气分子及其悬浮的尘埃等杂质对斜射日光的余晖产生的散射，无疑是形成霞的核心机制，这是每天朝霞与晚霞中的最基本色彩。

在有云时，云在霞的形成中将扮演着更为重要的“魔术师”角色，它们通过自身形状、厚度、水滴或冰晶大小的变化不断变换着霞的颜色，让每次出现的霞都独具一格，绚丽多彩。

另外，云的反射也会发挥辅助作用。天空、云与地物之间通过各种散射与反射的交相辉映，从而形成更加复杂多样的霞，此时已经很难分辨到底是谁在反射、谁在散射。复杂的霞如同陈年老酒，你已经无法分辨具体是何种成分在散发着芳香。

霞的综合成因示意图　戴云伟 / 绘

霞光大多是红色，随着云或悬浮质粒成分、含量的变化，也会出现紫色、金色、青色、绿色等其他颜色。不同成分和含量下所形成霞的颜色差异很大，尤其是粒子经过多次散射、相互映射，更会让霞光丰富多样、色彩斑斓。不过，无论出现什么异样的霞光，其本质都离不开前面讲到的几个要素过程。

霞与天气的关系

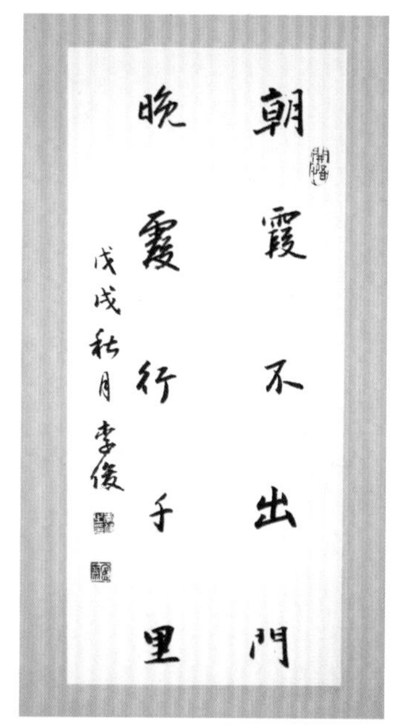

水汽湿度可以影响霞的颜色。当天气发生变化时，空气中水汽增多，一些杂质颗粒易于吸附水汽成为小水滴悬浮于空中。小水滴越多，霞的颜色越鲜艳，且富于红色。因此，霞的颜色可以反映大气性质和状态。

谚语“朝霞不出门，晚霞行千里”中的朝霞主要指的是云霞。早晨大气稳定，尘埃少，如果云霞满天，则是天气系统即将影响本地的预兆。晚霞主要指的是天空霞，通常是由雨过天晴后的湿洁空气形成，意味着天气将晴好。

霞与降水的关系比较复杂难定，对天气的预兆意义也不易把握。

晚霞　李俊 / 摄

南极的霞　柴晓峰 / 摄

南极地区的空气洁净，那里的霞光颜色以美丽著称，它时而淡雅时而浓烈。

霞　视觉中国

当大气相对干洁时，霞主要由空气分子和颗粒小的悬浮杂质散射形成，颜色常呈橘黄色。

晚霞　视觉中国

霞光的颜色与大气中的小水滴有关。尤其是在雨过天晴之后，空气中悬浮的小水滴散射明显，形成十分艳丽的霞光。

晚霞　视觉中国

雨过天晴，夕阳西下，几乎整个天空的云都泛起了橘红色。

晚霞　戴云伟 / 摄

浅紫色霞光弥漫了整个天空，同时倒映在水面，画面十分温馨浪漫。

晚霞　戴云伟 / 摄

紫色云霞很美丽，但是幕后往往与大气中杂质含量增多有关，工业排放的细小气溶胶颗粒最容易形成紫色霞。

地物霞——日照金山　视觉中国

在晴朗的日子，每当朝阳、夕阳照射到雪山上，就会形成日照金山的奇观，图中的山顶还飘起了旗云。

地物霞——金光穿洞　王秀丽 / 摄

每年冬至前后，落日光辉穿过北京颐和园的十七孔桥，所有桥洞都被夕阳染上了金灿灿的颜色，呈现出壮丽景观，俗称“金光穿洞”。

虹

虹也称彩虹、绛等，是出现在雨幕上的彩色圆弧，虹一般有两重，里面的较亮艳的彩弧叫主虹，简称虹，色序为外红内紫，圆弧视角半径约42°；外面的彩弧叫副虹，简称霓，色序为外紫内红，圆弧视角半径约51°。虹既是泛称，也特指主虹。此外，在特殊条件下还可以出现更多重的彩虹，有拍摄者拍到三道、四道彩虹，这些在主虹之内、副虹之外形成的虹称为附属虹，十分罕见。

太阳、观察者、彩虹之间相对位置示意图　戴云伟 / 合成

虹的出现意味着远处有雨幕垂下，可以判断当时降雨的方位，例如有天气谚语“东虹日头，西虹雨”。我国处于中纬度地区，天气系统带来的降雨一般是自西往东移动，在东面看到虹说明天气系统随身携带的雨幕已经东移而去；相反，如果在西面出现彩虹说明降雨正在向观察者移来。

当水滴直径在200微米以下时，水滴的分色能力减弱，但还是可以形成白色的虹。

小知识：视野与视角半径

视野是指眼睛观看正前方物体时所能看得见的空间范围，常用物体在眼睛中产生的夹角来表示。如果看到的是圆，其半径在视野中所占的角度叫视角半径，也称角半径或视半径。

当阳光进入较大水滴时，会发生折射、反射、再次折射后而出水滴。经过两次折射和一次反射，白光已经被分离呈现出色彩。形成彩虹的水滴直径要在200微米以上，发展旺盛的积云内的水滴就可达到这个标准。

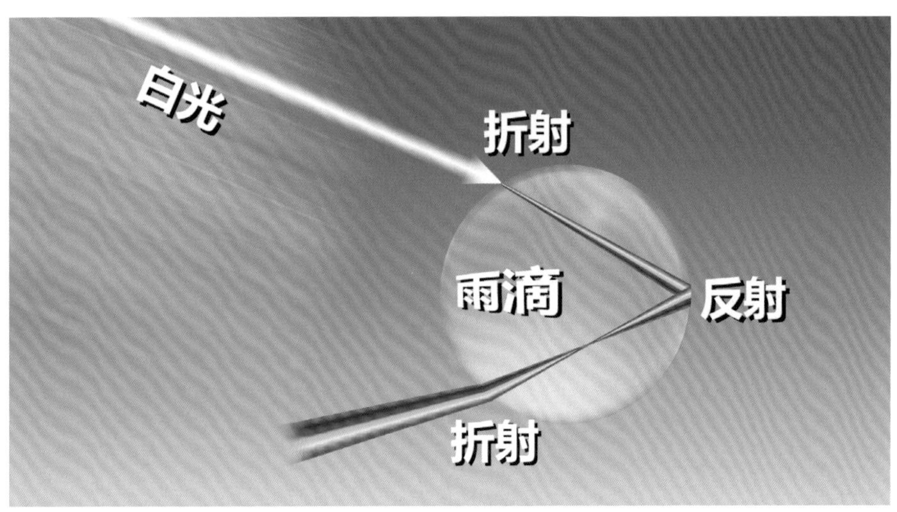

虹的光路示意图　戴云伟 / 绘

在观察者视角半径为42° 雨幕上的众多雨滴各自发挥所在位置的优势，进行折射、反射、再次折射后，射入观察者眼帘，就形成观察者眼中的虹。太阳与观察者眼睛的连线穿过虹所在圆的中心，这个中心也叫对日点。

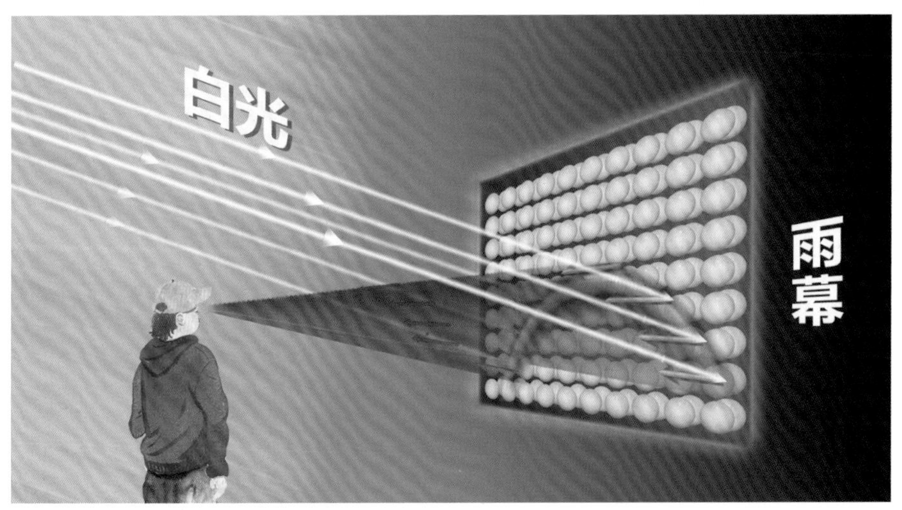

雨幕彩虹光路的示意图　戴云伟 / 绘

光线在更靠近雨滴外侧的位置折射进入雨滴，接着反射、再反射，然后折射而出水滴。光线进出水滴总共发生两次折射和两次反射。射出彩色光与入射光线的夹角约为51°，这也是霓的视半径夹角。在形成过程中，霓比虹多了一次反射过程，颜色顺序为内红外紫，与虹的色序相反。

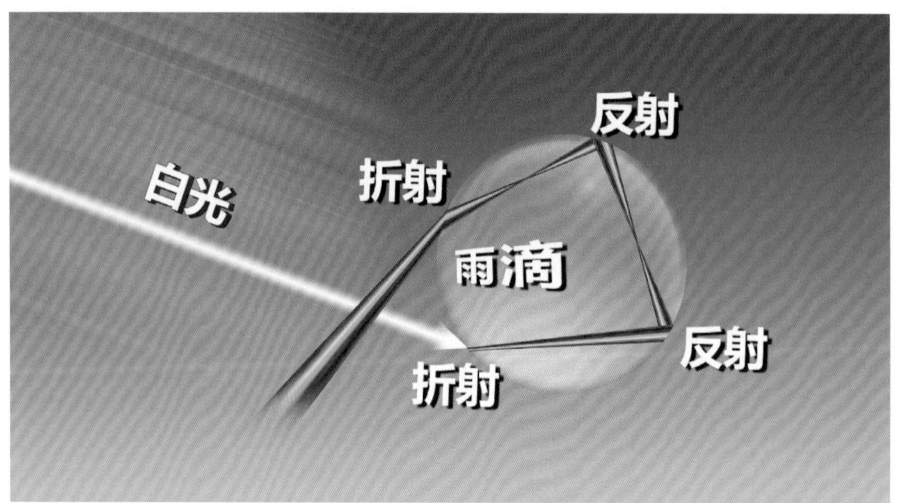

霓的光路示意图　戴云伟 / 绘

霓、虹与地物霞　戴云伟 / 摄

霓、虹与亚历山大暗带　视觉中国

虹与霓之间的天空发暗部分叫亚历山大暗带，由于角度上的偏折，光线无法直接抵达观测者的眼中，但因仍有周围反射光射入，暗带并非完全黑暗。

拉萨雨后的霓、虹　关娴 王银龙／摄

夏季傍晚前后，拉萨一般多雷雨，这种雷雨来也匆匆去也匆匆，最有利于出现彩虹。

霓、虹　视觉中国

如果彩虹色彩从鲜艳变为暗淡，宽度从狭窄变为宽大，说明空气中的雨滴正在由大逐渐变小，天气将转晴。

霓、虹　中国气象图片网

彩虹的形成与空气中雨滴多寡、大小都有直接的关系。雨滴越大，彩虹带越窄，色彩越鲜明；雨滴越小，彩虹带越宽，色彩越黯淡。

瀑布彩虹　视觉中国

阳光下，瀑布飞溅的水滴中也可以形成彩虹。

瀑布彩虹　中国气象图片网

壶口瀑布水流湍急、水滴飞溅，瀑布彩虹是景区一大亮点。

喷洒出的彩虹　戴云伟 / 摄

此照片是园艺师傅在浇灌花草时配合拍摄。有条件的商务景区可设计一个人工彩虹，以供商客驻足体验“不经历风雨也可以见彩虹”。

喷洒出的彩虹　许梦涵 / 摄

影响彩虹清晰度的因素除了水滴大小外，还有背景的亮度。图中彩虹就只能在背景比较暗的地方才可呈现。

持续最久彩虹

2017年11月30日，台湾“中国文化大学”观测到持续时间长达8小时58分钟的彩虹。彩虹在06时57分开始出现，一直持续到15时55分。它已获得吉尼斯世界纪录认证，成为全世界持续时间最久的彩虹。

此次彩虹的形成很难得，可谓是“天时地利”。当天南晴北雨，阳光充足，雨幕稳定，从而造就了如此长寿的彩虹。这是来自天空的礼物，也是一个奇迹。该校大气科学系曾鸿阳、刘清煌、周昆炫等老师带队追踪拍摄，完整地记录了这次彩虹过程，给气象文化留下了珍贵翔实的素材。持续如此之久的彩虹，不知下次谁能超越。

持续最久彩虹　刘清煌 / 摄

早晨的彩虹　周昆炫 / 摄

早晨，彩虹出现在西北方位，图中右侧山头为纱帽山。随着太阳的西移，彩虹不断东移，高度不断降低。

中午的彩虹　周昆炫 / 摄

中午，彩虹已经东移，其东端“搭”在纱帽山上。主虹的顶部降至最低，低于观察者的海拔高度。有利的地形是形成最久彩虹的重要条件。

下午的彩虹　周昆炫 / 摄

下午，彩虹继续东移，其西端“搭”在纱帽山上，随着太阳的西移降落，彩虹不断东移升起。

最久彩虹的另一亮点：惊现六道彩虹

通常我们见到的彩虹大多就是两道，内圈的为虹，外圈的是霓。但这次出现在台湾“中国文化大学”持续时间最久的彩虹，竟然出现了六道彩虹，这些多出来的彩虹就是附属虹。其中常见的那两道霓、虹宽而艳丽，其他都比较窄，而且越远离霓、虹之间的暗带，清晰度越低。

六道彩虹　刘清煌 / 摄

理论上讲，在雨滴直径小于1毫米的雨幕上可以形成多道彩虹。光线进入雨滴经过折射、反射后，有一部分折射出来形成常见的虹，还有一部分继续在雨滴内反射，这些留在雨滴内的光再如此循环往复地经历“一边反射一边折射而出”过程，就可以形成多道彩虹。但实际上，多道彩虹的出现对雨滴大小、光照强度、背景亮度等客观条件的要求都很苛刻，只有诸多条件完美配合才能实现，一般很难满足。所以，想看到多道彩虹确实需要运气。

月亮彩虹

月亮彩虹，又称月虹、晚虹，也是一种非常罕见的光学现象，它是月光在雨幕上形成的彩色圆弧。

白色的月光也是由红、橙、黄、绿、蓝、靛、紫七种单色光组成。当正对月亮的一侧有雨幕垂下时，月光折射进入雨滴，然后反射，再折射而出雨滴。月光就可以在雨幕上形成彩色的月虹。月光的亮度比日光要昏暗数千倍，因此，只有在接近满月的时候，才最有利于形成月虹。

与极光同现的月亮彩虹　视觉中国

此图是瑞典摄影师Chad Blakley在阿比斯库国家公园拍摄到的月虹与极光，两者同框是比较罕见的自然奇观。如果条件合适， 在其他地方也能欣赏到月虹美景，例如在1987年6月7日的子夜，我国新疆乌苏市就出现过一条呈乳黄色的月虹。

白色的虹——云虹、雾虹

云虹、雾虹，是在云、雾上形成的白色的虹，也称白虹。其形成原理与彩虹一样。

雾虹　视觉中国

雨滴直径大于200微米，而云、雾中水滴直径通常小于20微米，水滴直径小，两次折射间的距离短，颜色分离程度小，虹呈现为白色。

雾虹与宝光　视觉中国

在飞机或高山上细心观察下面的云层，经常可以寻觅到白虹的身影，因此它也被叫作云虹。云虹、雾虹都可与后面要介绍的宝光同时出现。

扫码观云

晕

晕（音同“韵”），是指日光或月光经过冰晶组成的云层时，在天空出现的彩色光圈、白色光环、光弧、光斑等花样繁多、形状各异的光学现象。古时认为晕是不祥之兆，成语“白虹贯日”出自《战国策》：“聂政之刺韩傀也，白虹贯日。”这里白虹指的是穿过太阳的幻日环或日柱，由于缺乏对自然现象的科学认识，古人迷信地认为太阳代表君王，出现白虹贯穿太阳，乃不祥之兆。

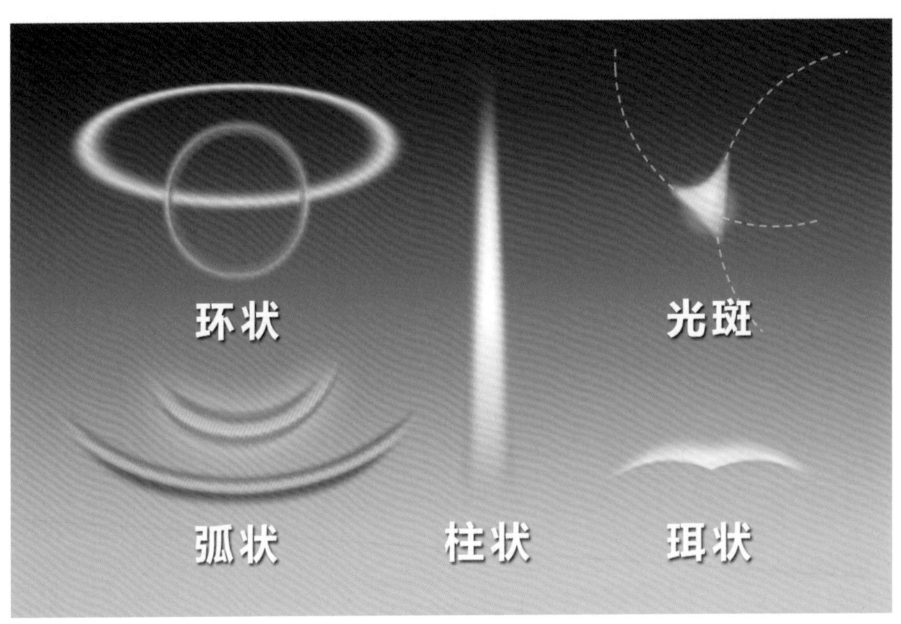

晕相的示意图　戴云伟 / 绘

平时我们常把晕与晕圈等同起来，但事实上，两者并不完全相同。在大气光学现象中，晕有着最多的成员，晕圈只是比较常见的一种，其他还有彩弧状、柱状、光斑、珥状等晕相。为了方便读者了解，不至于晕头转向，这里将众多晕相（也称晕族）分为常见的晕和少见的晕两大类，分别进行介绍。

晕的“魔法师”——云中冰晶

形成晕的前提条件是云中存在冰晶。自然条件下，冰晶的形状有棱有角、千奇百怪，并受温度、湿度、风、气压等条件制约，不同条件下所形成的冰晶形状不同。

花样繁多的冰晶　戴云伟 / 绘

虽然云中冰晶的形状多种多样，但在晕的形成中发挥关键作用的主要是板状、柱状、锥状、帽状等这四种形状的冰晶。目前，利用计算机模式对它们产生的折射、反射效应进行模拟，实验结果也证实了多数晕相基本上都可通过这四种基本形状模拟出来。

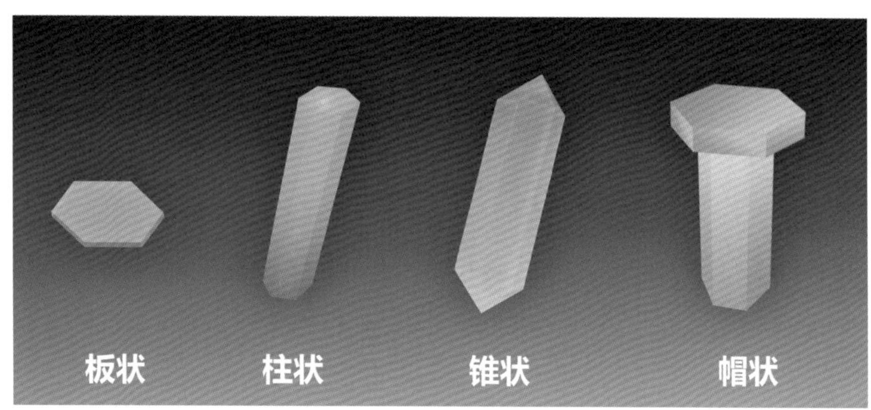

形成晕的四类冰晶　戴云伟 / 绘

常见的晕

太阳、晕、观察者之间的相对位置示意图　戴云伟 / 合成

在众多的晕相中，以出现在太阳或月亮周围，视角半径为22°和46°的彩色晕圈最为常见，晕圈的颜色分布为内红外紫。一般条件下，晕圈的彩色不是很清晰，多只呈现黄褐色或灰白色。

晕圈主要出现在卷云、卷层云甚至卷积云上，这些云大多时候是天气系统到来前的“消息树”。

晕圈的成因

晕圈主要形成于由冰晶组成的云上，这些冰晶最常见的形状为六棱柱。当太阳或月亮的光线穿过这些云层时，其中的六棱冰晶对光产生折射作用便产生了晕圈。因组成白光的各种色光的折射偏向角度不同，导致折射后分散为红、橙、黄、绿、蓝、靛、紫等多个色彩。

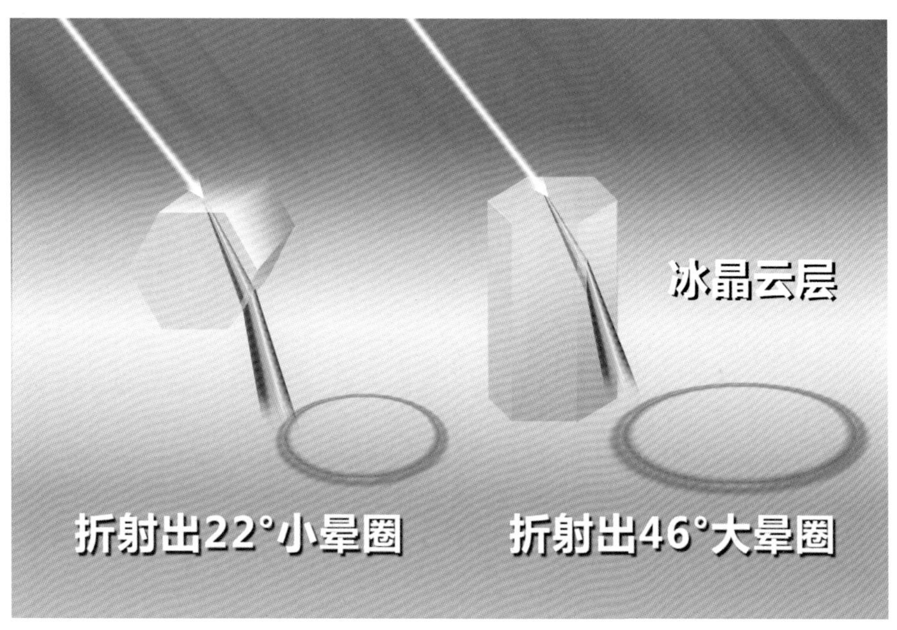

冰晶的两种最典型折射示意图　戴云伟 / 绘

两种最典型的晕圈

22° 晕：白光从六棱柱的一面进入后发生第一次折射，然后从间隔的另外一棱面折射而出，这相当于穿过了夹角为60° 的棱镜。经过两次折射，不但光的方向发生了改变，而且还分离出色彩。通过这种方式可以在云层上形成视角半径为22°范围的彩色小晕，也称内晕。

46° 晕：白光从六棱柱的一个端面折射进入，然后从相邻的垂直棱面折射而出，这相当于穿过了90° 夹角面的棱镜。经过两次折射，同样使光的方向和色彩发生改变，只不过这种折射方式在云层上形成了视角半径为46° 范围的彩色大晕，也称外晕。

晕圈与天气的关系

晕圈出现于冰晶组成的卷层云上， 而卷层云会出现在冷暖空气交锋的前沿，其后紧跟着的是形成降水的高层云和雨层云，并出现降水和大风。所以，通常说晕是风雨的预兆。谚语“日晕三更雨，月晕午时风”总结出晕出现后约12小时就会变天出现风雨。但在应用时也不能一概而论，而要具体分析。晕的出现只能说明很有可能将有天气系统过境，是否出现降水还需要看水汽供应情况。在所有光学现象中，晕是对天气预报指导意义较强的现象。

晕　视觉中国

22° 小晕圈　视觉中国

理论上，晕圈的颜色应该是红、橙、黄、绿、蓝、靛、紫，但受太阳或月亮亮度的干扰，看到的多是浅黄褐色。

南极的冰上之晕　赵勇 / 摄

晕圈给人的感觉多是朦朦胧胧，有时也不那么均匀完整，不仔细辨认很容易忽略。如果有障碍物恰好遮挡住太阳，拍摄的效果会好一些。

南极地区的晕　赵勇／摄

晕圈出现在毛卷层云上，谚语“月亮带风圈，一连刮三天”中的风圈就是指晕圈。冷空气到来前的一两天，天空总会率先布满卷云、卷层云。

晕与航迹云　视觉中国

在没有天气系统影响的情况下，6000米以上高空的大气湿度小，一般没有航迹云。若有航迹云，通常意味着天气系统的触角已经伸到了本地上空。

双晕　视觉中国

2015年5月9日，湖北恩施出现双晕景观，大晕圈的色彩清晰，持续时间竟然长达2个多小时。

天坛“神”晕　视觉中国

2011年6月25日，北京天坛祈年殿被罩上了“神秘”光环。其实，晕可以出现在任何地方，只是出现在这祭天的地方，更易让人充满想象罢了。

晕　视觉中国

多数情况下看到的晕圈很朦胧，隐约可看到内圈呈黄褐色，外圈泛白色，其色彩很少有机会被显现出来。

晕　赵勇 / 摄

南极冰天雪地，大气透明度好，冰晶组成的云也较常见，因此这里经常可以观察到晕。

少见的晕

晕可以说是大气光学现象中最复杂多样的一类，仅仅熟悉大小晕圈是远远不够的。根据记载，1661年2月20日11时，在波兰斯坦斯克城的上空出现了七个太阳。天文学家赫维尔将这次晕相记在他的《天边孤独的水星》一书中，这“七日图”成为“多日并现”的始祖级文献。

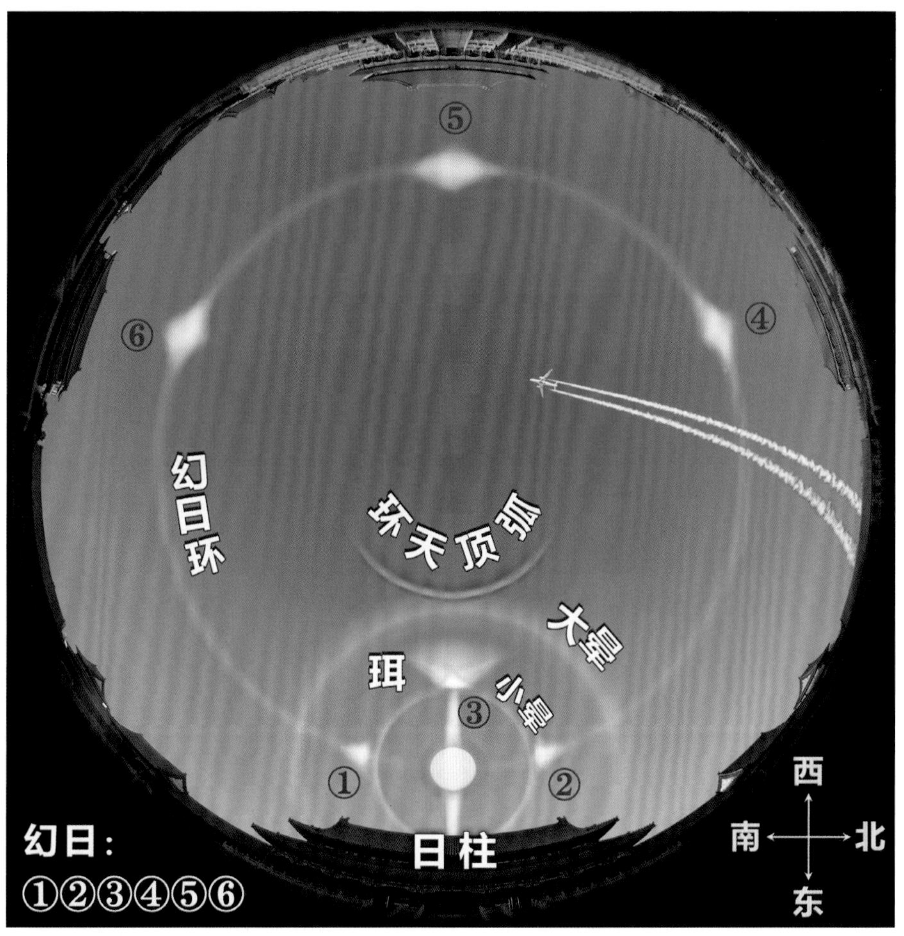

七日图 观满天晕相　戴云伟 / 合成

这张“七日图”上的满天晕相，难免让人看得眼花缭乱，晕头转向。此次光学现象过程中不但出现了22° 小晕圈、46° 大晕圈，还出现了幻日（6个）、幻日环、环天顶弧、日柱、晕珥等，真可谓“异彩大荟萃”。

幻日环：是指穿过太阳并与地平线平行的一圈白亮圆环，它是晕相中最大的圆环（有时只表现为一段圆弧），因为环上常分布着多个幻日而得名。当太阳的仰角高于32.2°时，太阳光从云层冰晶的平坦顶面折射进入，从冰晶的底部离开，就容易形成几乎只有单色的幻日环。

幻日：因为看起来就像是天上多出来的太阳，故又被称为假日。它是由云中垂直排列的六棱柱状冰晶发生光折射而形成的亮斑，常出现在太阳的左右。也有些幻日由反射形成。

日柱：是指穿过太阳垂直射向地面和天空的光柱，它的形成与太阳早晚在波光粼粼的湖面上反射形成的光柱类似。想象一下，众多正在落往地面的冰晶面形成垂直的"湖面"，不断翻滚的冰晶反射太阳光就形成了日柱。

除了白天，晚上有月光的照射时，在适当的气象条件下，一样可以形成类似的景象，分别称为幻月环、幻月和月光柱。

晕圈、幻日环、幻日、日柱　视觉中国

晕圈、幻日环、幻日、日柱 视觉中国

图中出现了明亮的日柱，说明大气中有冰晶降落，由于冰晶很小，所以不像雪花那样显眼。众多冰晶像一面面镜子反射日光就形成了日柱。

晕圈、幻日、日柱 视觉中国

太阳左右侧出现了两个幻日，看上去确实比晕圈更明亮、色彩更鲜艳。

晕珥：是指在22°晕的上部、下部形成的与它相切的晕，看上去像佩戴在耳朵上的珠玉耳饰，有时则像正在展翅滑翔的雄鹰。

环天顶弧：也常被称为“天空的微笑”“倒挂的彩虹”“平躺的彩虹”等，是位于太阳同一侧环绕天顶的一段彩色圆弧。与其他朦胧的晕相不同，环天顶弧颜色像彩虹一样丰富。当太阳仰角低于32.2°时，太阳光从云层中冰晶的平坦顶面折射进入，然后从另一面折射而出形成。环天顶弧的颜色与虹相似，也是外红内紫。

环天顶弧、晕珥、幻日、幻日环、晕圈　中国气象图片网

晕珥、幻日、幻日环、22°小晕圈、46°大晕圈　视觉中国

图中大晕的上侧弧颜色为内红外紫，小晕的上方是晕珥，同时还出现了幻日环。没有配备广角镜头的相机很难拍出晕的全貌。

晕珥、22°小晕圈、46°大晕圈　视觉中国

图中的晕珥是由另外两个弧状晕与22°小晕圈交叉形成的。可见，晕相通常是组团亮相。这张晕图也是比较完整的，能够拍到实属难得。

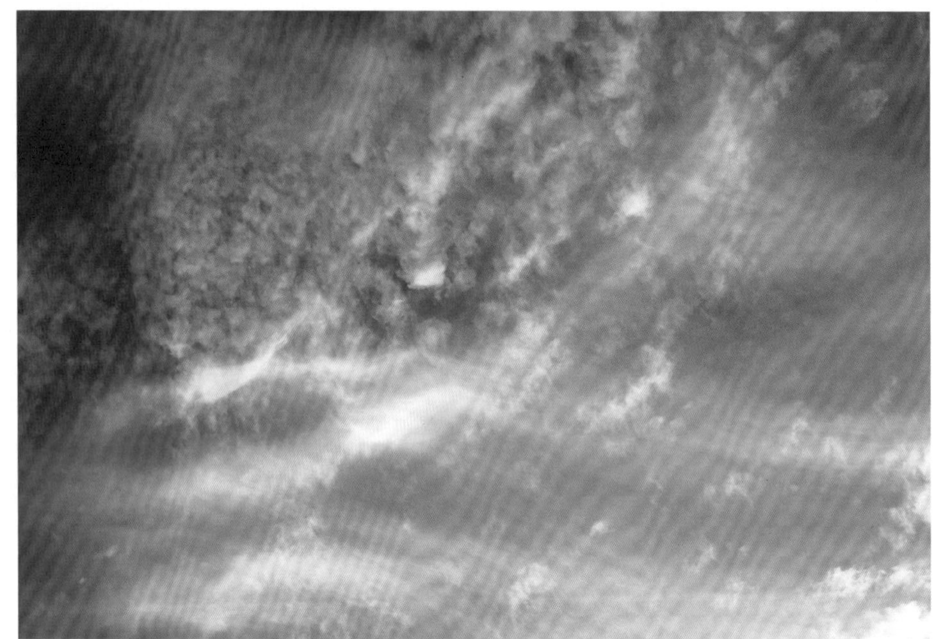

环天顶弧　视觉中国

图中的环天顶弧颜色清晰艳丽，虽然看上去比彩虹小一些，也没有气贯长虹般的气势，再加上出现在天顶，一般很少能引起注意。

环天顶弧　视觉中国

这是2010年8月20日在英国新森林地区出现的环天顶弧。与彩虹不同的是，这种彩弧是太阳光线经过特定角度的冰晶边缘时折射而形成的。

环地平弧：又称日载或日承现象。民间也有彩虹云和火焰彩虹的说法。环地平弧号称所有晕相中最美丽者，其颜色顺序自上而下分别为：红色、橙色、黄色、绿色、蓝色、靛蓝、蓝紫色。环地平弧与环天顶弧是以天顶为圆心，位于46° 大晕附近的彩弧，只是环天顶弧出现在上部，环地平弧则出现在下部。颜色与霓相似，内红外紫。

环地平弧　张金萍 / 摄

这是2020年5月27日11时出现在河南省平顶山的环地平弧，持续时间约30分钟。它颜色鲜艳，格外秀丽动人，是太阳照射在卷云中的六边形薄片冰晶上时，光线从冰晶侧部折射进入冰晶，然后再从底部折射而出所形成，由于形成条件苛刻，所以十分罕见。通常只有在太阳高出地平线58°时，才能看到环地平弧。低纬地区要比高纬地区更容易见到环地平弧。

华

相对于虹、晕等光学现象，华不太为人所知，相对比较生疏。虽然对“华”这个字再熟悉不过，但是作为一种光学现象，人们还多少有些陌生。当天空有薄云时，紧贴在太阳或月亮周围出现的彩色光环是华。华每圈的颜色顺序都为内紫外红。一般条件下只能看到最里面的一圈彩环，通常称它为华盖（“华盖”的本意是帝王或贵官车上华丽的伞盖）。当发展完好时，还可以看到更多圈的彩环。华的视角半径通常小于5°，而小晕圈的视角半径为22°，所以华看上去要比小晕圈还小很多。

华　戴云伟 / 摄

月亮周围的华相对比较柔和，朦胧中有些靓丽，可谓低调的奢“华”， 也比较容易引起关注。而出现在太阳周围的华，通常只有特别关注时才可以看到，而且观察时最好戴着墨镜。出于职业习惯，每当看到有高积云罩住太阳或月亮时，我就抬头仔细观察一下，发现华还是经常可以看到的。

华与风都是与天气相关的自然现象，也是古今中外诗词爱好者经常描绘的主题。作者就曾在一首诗里这样浪漫地讴歌过华：

你偶尔的缠绵
日月不再寂寞
你缥缈的依傍
日月不再凄冷
华
你是日月最妩媚的情人

你婉约的吹拂
乌云不再萦绕
你缠绵的抚摩
大地不再孤寂
风
你是天地间最温存的涌动

月华　戴云伟 / 摄

华的成因

对光来说，由水滴、冰晶等云粒子聚集而成的云层就像是遍布着密密麻麻小孔的筛子，当光线通过这些筛子时会发生小孔衍射，于是就形成了环绕日月的华。

云内小孔衍射形成华的示意图　戴云伟 / 合成

华与天气的关系

华多形成于透光高层云和透光高积云上，华盖的大小一般随着云中水滴的大小而变化，水滴越小则华盖越大。如果观察过程中发现华盖变小，就说明云中的水滴增大，云层正在发展变厚，这可能是降水的前兆；反之，则意味着天气将转晴。

月华　视觉中国

云层浅薄时，月华的颜色较淡，彩色条纹也不是很清晰，仿佛只是在月亮外围用橙色渲染了一下，但仔细辨认还是可以看到隐约的彩环。

月华　视觉中国

月华大都有些朦胧感，由于月光光线弱，彩色条纹一般较暗，色彩之间界限模糊。图中的月华似乎在与燃放的焰火争妍斗艳，别有一番情调。

月华　视觉中国

华并不是满月的专属，只要条件具备，小月牙也可以一抖妖娆，谱写自己的华章。

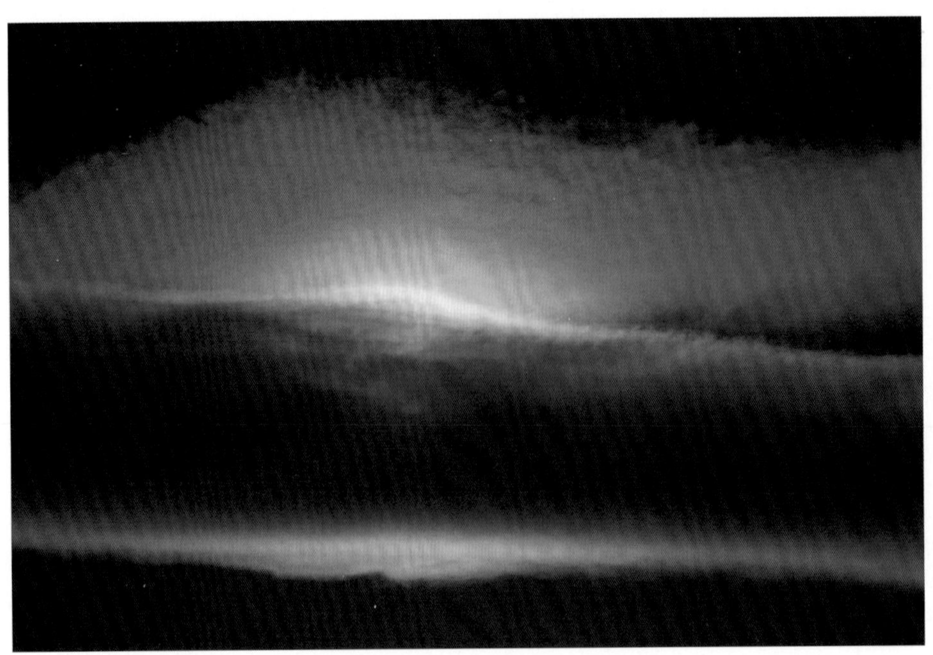

日华　视觉中国

日华很少被关注，因为即使是透光高积云遮蔽下的太阳，光线也很刺眼。不过在厚云遮挡的瞬间进行抓拍，还是能够拍摄到较丰富的色彩的。

日华　视觉中国

出现在卷积云上的华，十分清晰艳丽，而且图中的华环多达三重，着实少见。

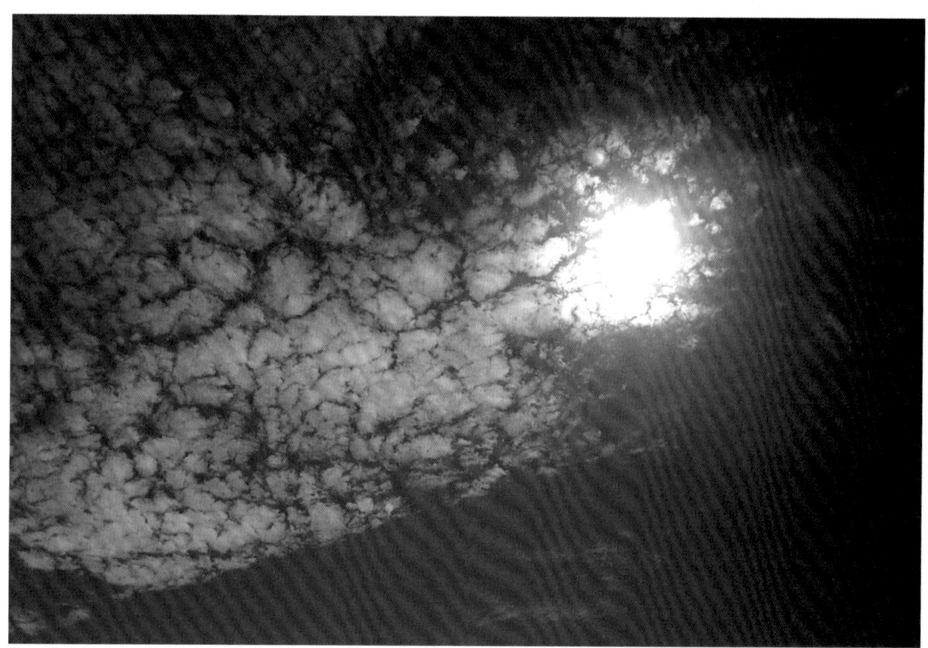

日华　戴云伟 / 摄

日光太强，比较刺眼，多不利于华的观测，且容易伤害相机镜头。不过为了记录大自然的美景，也可以偶尔为之。

日华　李臺军 / 摄

图中左侧的云薄，日华稍微清晰些，右侧的云厚，日华不是很清晰。可见云的厚度对衍射效果的影响很大。

日华　戴云伟 / 摄

日华很容易被错过，因为它需要在近乎刺眼的日光下仔细分辨才能发现。由于拍摄技术原因，实际看到的华要比图片中明晰很多。

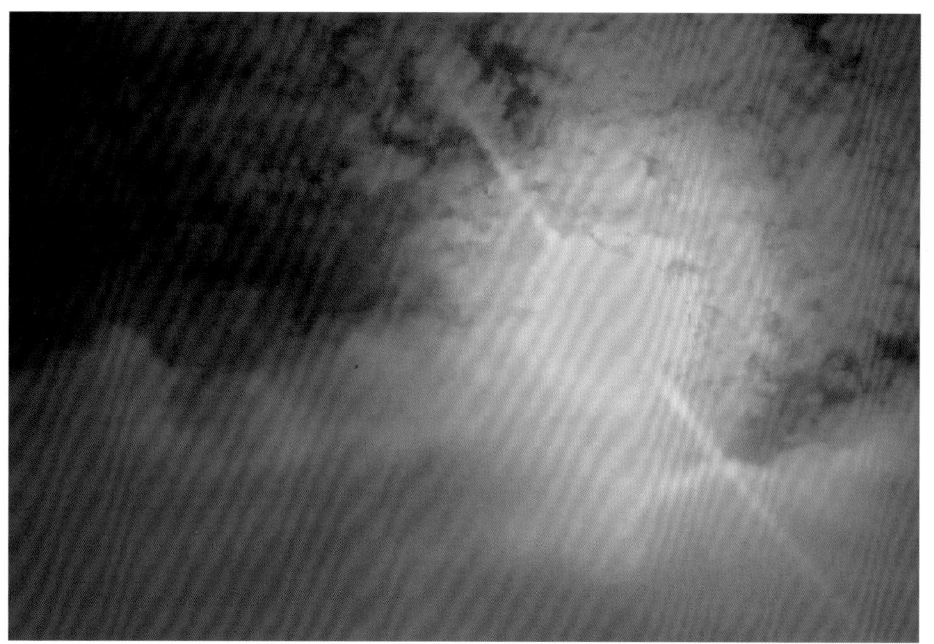

日华　柴晓峰 / 摄

太阳下的华一般都比较刺眼，不像月华那样柔和，很容易让人忽略，而且拍摄也需要格外讲究。

树冠华　戴云伟 / 摄

但凡有密密麻麻小孔的地方都可通过对日光的衍射作用形成华。这是透过竹林拍摄到的华，也称树冠华。所以只要留心观察，异彩就在我们身边。

宝光

宝光，亦称佛光、峨眉宝光，是指当观察者站在山顶背向太阳而立，且前下方又弥漫着云雾时，看到的外红内紫的彩色光环，中间是观察者的身影，且影随人动。宝光环的颜色顺序与华相同，有时彩环的数量可达五圈之多。宝光的视角半径在20°以下，常见的多在10°以下。

太阳、宝光、观察者间的相对位置示意图　戴云伟 / 合成

宝光（佛光）在世界各地都流行着不同的迷信说法，我国古代的人们认为，看到宝光就是与佛有缘，菩萨显灵。四川峨眉山是中国的佛教圣地之一，这里经常会看到宝光，称为峨眉宝光。德国著名的布罗肯山峰也经常看到宝光现象，称为布罗肯幽灵。

其实究其根源，宝光只不过是一种十分依赖地理特征才可以看得到的光学现象罢了，尽管它确实没有晕、华、彩虹那么随处可见。但在某些特定的地方则相对常见，例如在峨眉山，有的年份可以出现七八十次。不过要是能在旅行途中看到宝光，肯定会让人终生难忘的。

宝光的成因

宝光是物理机制较复杂的大气光学现象，反射、散射、折射、衍射等光的“四射”均有参与。关于它的成因已经有多种理论解释，我们在综合各种理论的基础上，绘制了下面的成因机理图。

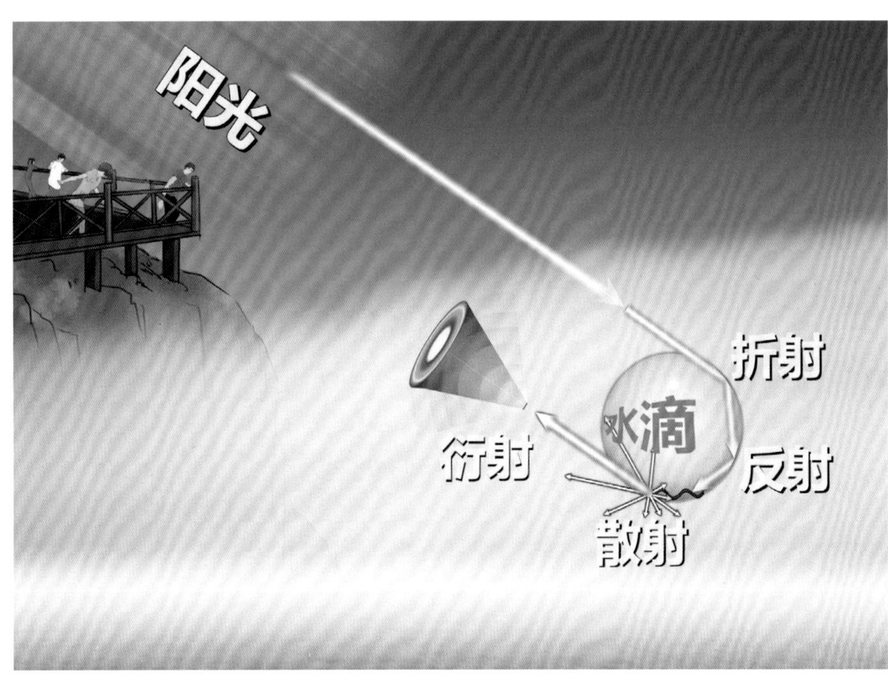

宝光形成机理的示意图　魏思静　戴云伟 / 绘

光线从小水滴的边缘擦边射入水滴，首先发生了折射，紧接着又发生了反射。反射的大部分光线不再像霓虹那样反射后而折射射出水滴，而是在水滴表面激发出了沿水滴表面传播的光，可以认为此时的水滴表面发挥了类似光纤的导光作用。这个沿水滴表面传播的光再产生散射，其中射向太阳方向的散射光再“钻”进云雾间像筛子一样密密麻麻的小孔时，就会通过小孔衍射作用，最终形成我们见到的宝光。值得注意的是，光线射入水滴后，因为水滴太小，即便有部分光线像虹那样提前被射出，也不会出现彩色，但是可以形成白色的虹，这也是为何宝光常常与白虹相伴出现。

简而言之，宝光是光线进入小水滴后，先后经历折射、反射、导光、散射、衍射等过程之后呈现出来的异彩，可以说宝光是集大成于一身的魅力四射。

宝光　中国气象图片网

宝光的神奇之处还体现在，它呈现的是环绕观察者自己的身影，每个人看到的宝光都是以影子中的眼睛所在位置为中心的光环。因此，可以说“一人一宝光”，有点佛家的“一人一世界”般的超脱。

宝光环 视觉中国

每一重光环的色序都是外红内紫，越接近环形中心部位的色彩越淡。该宝光的成因条件好，隐约共可见到五重光环。

宝光环 中国气象图片网

无论现场多少人在看宝光，每个人见到最中间那个身影都是自己的身影，且“光环随人动，人影在环中”。

宝光 视觉中国

宝光和华都是光的衍射现象，背景往往受日月光照影响，华环看上去没有那么清晰，且最多三圈；而以相对阴暗大地为背景的宝光却很清晰。

宝光 中国气象图片网

宝光多形成于人迹罕至的山川之中，在科学不发达的古代难免会将其与迷信联系在一起，直至今日它仍是大气光学中极易产生迷信色彩的现象。

宝光　中国气象图片网

宝光之所以如此神秘，主要是它以观赏者自己的头影为彩环的中心，条件好时，自己的身影也十分清晰。

宝光与雾虹　李臺军 / 摄

宝光经常与雾虹同时出现，在图中隐约可见一道白色的雾虹环绕在外围，可谓“白虹伴宝光”。

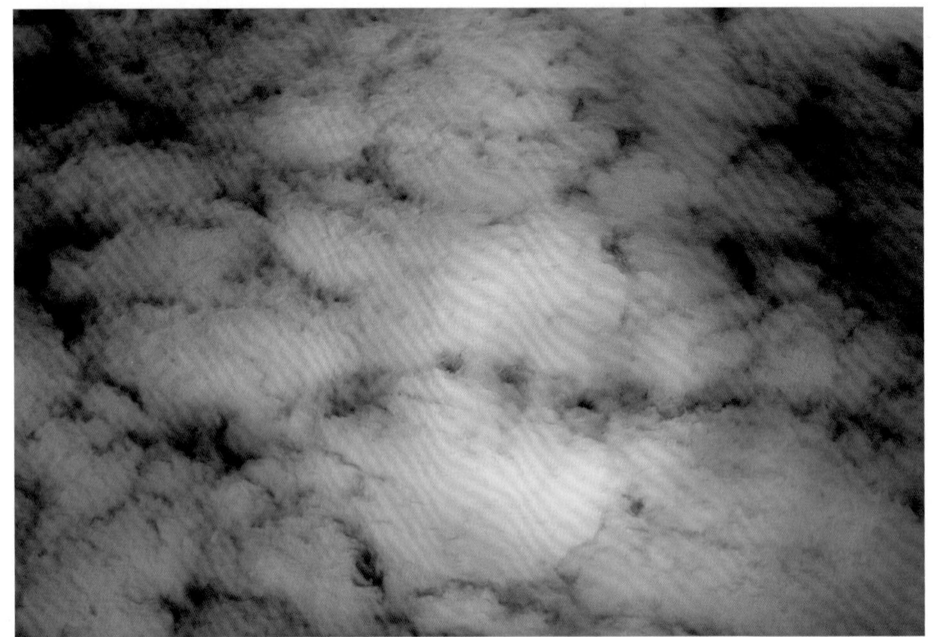

宝光　视觉中国

以前，宝光只能在特定的地理条件下才可以看到。随着热气球和飞机等的出现，人们的“眼界”变高了，可以在云雾之上很容易看到宝光。

宝光　戴云伟 / 摄

在飞机上，从背光一侧的窗口俯首观望，经常可以看到云层上的宝光。偶尔也可看到所乘飞机清晰的身影。

环绕飞机影子的宝光　视觉中国

只要日照当空，即便很浅薄的云雾之上都可以看到飞机身影外的宝光。如此看来，宝光也并不是那么难觅。

环绕气球影子的宝光　视觉中国

图中可见拍摄者所乘坐吊篮的影子正处在彩色圆环的中心位置，相信远处另一个热气球上的乘客也会看到属于他们自己的宝光。

扫码观云

虹彩

虹彩，就是平时称呼的彩云、七彩祥云，是指云上出现的近乎平行、颜色较亮艳的彩带。它主要是日光或月光受到云中水滴、冰晶产生的衍射所造成，多是华环的一段，有的虹彩也可能有折射、反射等过程的参与。无论如何，虹彩也是基于光的“魅力”四射而变换出来的一种异彩。

中国古典文学著作当中常有仙人驾彩云的描述，曲名当中的“彩云”即虹彩。民族乐曲《彩云追月》就是寓意了仙人驾驭虹彩而奔向月宫的故事。

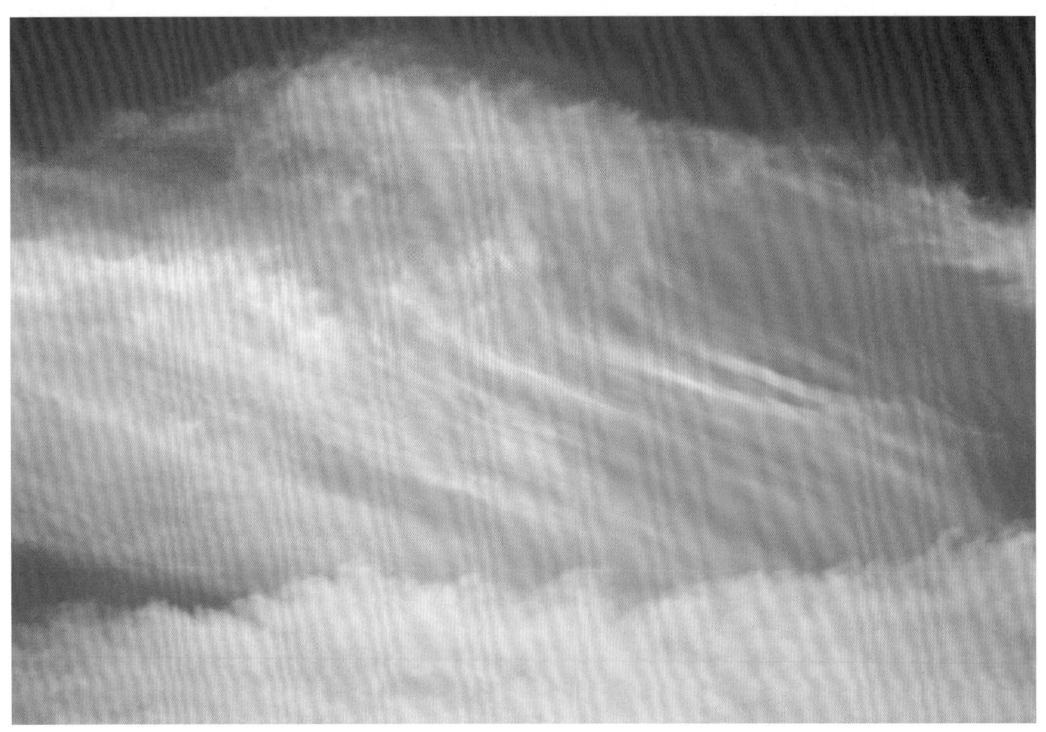

虹彩　视觉中国

虹彩多出现在太阳周围10°视觉半径范围内的高积云上，有时也出现在视觉半径约40°的地方。虹彩的颜色之所以如此鲜艳，主要是因为它的形成条件更为苛刻。太阳光要正好和云层之间呈一个合适的角度，然后太阳斜射甚至平行射入云层；另外，构成云的水滴或冰晶一般要大小适中而且较为均匀。

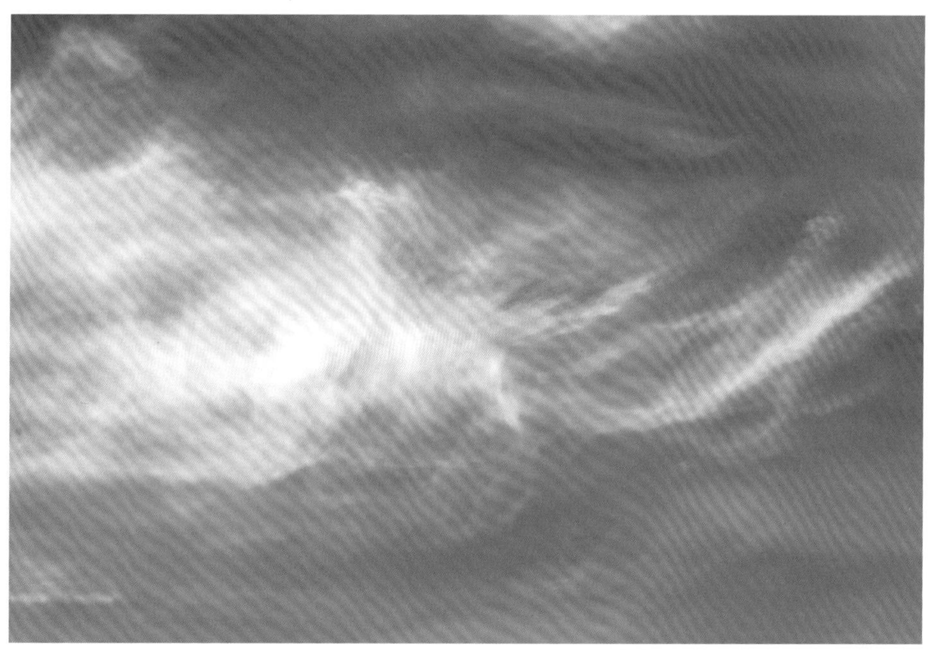

虹彩　视觉中国

虹彩以绿色和淡橙红色为主，常呈现出柔和的色调，一派祥和的气氛，用“七彩祥云”来描述再恰当不过。

虹彩　中国气象图片网

图中的虹彩出现在高积云上，如同一根彩绳横在天际，为天空画上了一点彩妆。这多是综合了衍射、折射、散射、反射等多种原因形成的。

异彩一线牵

虹、晕圈、华、宝光等看似孤立出现的大气光学现象，其实它们间有着密切的联系。从它们的成因中我们可以总结出，虹、晕圈、华、宝光这四种异彩现象都是围绕着以观察者与太阳（月亮）连线为中心轴的彩色圆环或圆弧。要看到它们，无非是观察者需要正对着或背对着太阳（月亮）而已！太阳、月亮是大气中各种异彩之源。

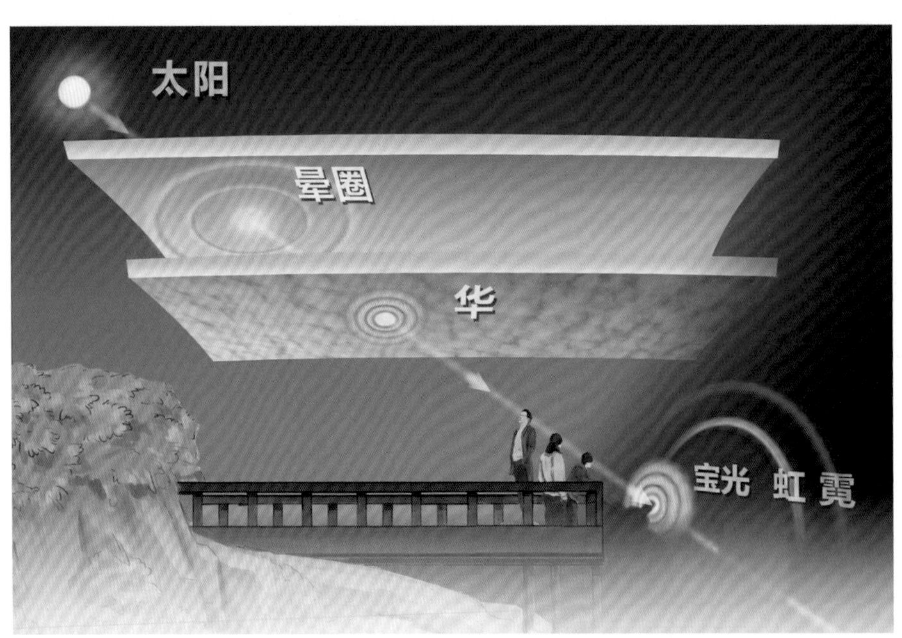

虹、晕圈、华、宝光间成因的联系　戴云伟 魏思静 / 绘

上图主要是为了明晰一下虹、晕圈、华、宝光等各种异彩现象成因间的联系和区别，并非表示它们同时出现。当然，有的现象也可同时出现。例如宝光可以与虹并现，只不过虹不会是彩虹，而是白虹。另外，晕和华也有机会并现。

后记

原以为写一本科普书是件很简单的事，不承想，《奇云异彩》的耗时耗力竟然已远远超过最初的预期。如今回首翻看全书，反复萦绕在耳际的疑惑却是，那么多的时间都去哪儿啦!

为了能够让读者系统性地了解奇云异彩，本书在通俗表达上耗时不少。一方面要透彻讲解形成机理，另一方面还要研究如何用图清晰表达。书中所选用的图片都很经典，特征明确，读者即使不看文字说明也能大体了解所介绍内容。书中呈现图片是在浏览超过五十万张图片后才精选出来的，终于知道时间都去哪儿了。夸张点儿说，挑选这些图片也接近大海里捞针了。

笔者自认为是个精力旺盛的人，但在本书的写作过程中，身体也一度触及疲惫的极限，有时甚至到了“坐立不安”的程度，还专门找了个屏幕支在工位的隔板上，坐累了就站着，站累了就坐着，右手累了就用左手。

然而，在两位科学家面前谈论这些劳苦似乎都有些矫情。丁一汇院士和张纪淮研究员都已年过八旬，他们高度的工作热情让我汗颜。每次去请教两位先生，他们讲授起来都不知疲倦，有一次张纪淮研究员从上午9点半开始，一口气讲了三个小时。八十多岁的老人讲这么久，是很消耗气力的，因担心他累着，中间几次想终止，可老先生说，“你别打断我啊”，感觉他要把自己所想到的知识点全部传授给我。

丁一汇院士也十分肯定这套丛书的价值和意义。他说，20世纪50—60年代老一代气象科学家曾花费很大精力来研究云的知识，应该好好总结并传承下去。他看到书中收集整理了这么多典型图片及机理成因示意图，很是高兴，称赞如此深入浅出的表达，不仅有益于对公众普及气象知识，对气象业内人士也有很大启迪，认为这是一件很有意义的工作!

尽管自己也曾有过懈怠，但每次想到两位老科学家的言传身教，都会激励自己要加倍努力，排除各种干扰把这件事情做下去。

现在，《奇云异彩》终于与读者见面了，回首令人煎熬的创作历程，一切付出的辛苦都得到了回报。值得欣慰的是，自己早在20年前就曾用Photoshop等图像软件来进行电视天气预报节目的设计制作，但之后十几年再也没有使用。不承想，现在又重新拾起来并派上了用场，真有点儿《穆桂英挂帅》中唱的“当年的铁甲我又披上了身”的感慨。借助Photoshop，我为每个奇云异彩绘制合成了通俗易懂的示意图，用示意图来展示奇云异彩的成因机理恰恰是本书的核心价值，通过自己多年对气象机理的理解感悟，也慢慢琢磨出一套独具一格的方法，为读者打开气象知识之门。如果说还有遗憾，那就是假如我有美术功底，就能从美感上再提升一个层次。

能通俗地讲清楚专业知识和理论的确不是一件容易的事。尽管只是一本关于云的科普书籍，但需要扎实的大气物理知识作为支撑，唯有深入方能浅出。看似简单的示意图，往往也要构思多日。为了能够通俗表达，个别图片的修修改改竟然耗时一年多，“七日图”就是一例。正所谓“念念不忘，必有回响”，本书还尽量把一些看似孤立的知识给串联起来，以便读者统揽全局。直到交稿之际，我突然想到，能否把各种异彩光像集中在一张图上，以便读者对光像有一个更加清晰的认识，这就是本书内容的最后一页：“异彩一线牵”。

本书终稿于全球新型冠状肺炎爆发期间，尽管疫情让人恐惧也带来了诸多不便，但也给自己提供了难得的安静环境，这对于加快本书进度无疑是十分重要的。忽然想起，1665年伦敦瘟疫大爆发，大学停课，牛顿只好宅在家中研究微积分、光学和万有引力定律等，由此在好几个领域都有了划时代的发现。作者能在疫情期间完成一本《奇云异彩》，也算不负韶华吧。

戴云伟

2020年6月于北京